万有引力

售楼部设计XII

GRAVITY

/

SALES CENTER DESIGN XII

欧朋文化 策划　　黄滢 马勇 主编

華中科技大學出版社
http://www.hustp.com
中国 · 武汉

CONTENTS
目录

A Modern Style
现代风尚

B Oriental Legend 东方传奇

C Foreign Country Sentiment 异域风情

FOREWORD
前言

以眼光去过滤
借经验去采撷
依触觉去发现
靠思想去精炼
用灵感去萃取
凭诚意去创新
等时间给你答案

——从《万有引力》视角把脉售楼部设计的趋势变化

《万有引力 售楼部设计》于2010年3月推出第1期以来，历经6年春华秋实，出版到了第12期，大大超出了我们的设想。售楼部作为地产销售环节中的一个产品，还是一个附属产品，却受到了广泛的关注，一个如此细分的选题，我们整整做了12期，并且在业内备受欢迎。被誉为“史上最红的售楼部设计图书”，我们觉得很有必要回首总结一下。透过售楼部设计的小窗口，见证中国房地产设计的进步与发展，同时能更清晰地把握售楼部设计的脉搏与动向。（该书以下简称《万有引力》）

《万有引力》推出第1期时，那时以售楼部为专题的图书还很少，甚至几乎可以说没有。欧朋文化当时推出这本书时却很笃定，相信一定会受欢迎。为什么？那时候中国大陆房地产还处于很火热的阶段，社区规划、建筑设计、户型设计、景观设计、广告营销都进步很快，但在售楼部设计领域还是很土。即使是万科、保利、富力这样以品质取胜的地产巨头，在售楼部设计上也只能算是处于温饱阶段，也就是说解决了功能需求，还谈不上艺术呈现，精神层面上的共鸣。那时国内售楼部格局都差不多：进门接待台，中心一个大沙盘，旁边几个户型模型，尽量开阔的空间里排开一组组的洽谈桌，讲究一些的搞个吧台，弄几个VIP洽谈室，谈成了赶紧带去财务室交钱，签合同走流程。当然，现在国内大部分售楼部还是这么在做，只是在装饰上更精美了一些。那时候欧朋文化把视线转向了中国台湾地区，台湾做售楼部设计起步更早一些，已经不单满足于功能的使用，还有做成地景艺术的追求。因为在台湾大部分售楼部是临时性建筑，时间短暂，用完即拆，形式上更灵活，没有后续的烦恼，设计师可以大胆尽情地发挥他们的想象和创作激情，所以台湾的售楼部识别度更高，个性更为张扬。而台湾人完成了财富的初步积累，开始追求生活的品质与艺术的格调，这些都体现在售楼部的设计之中。这些都是醒悟过来的大陆的中产阶层正在学习和填补的部分，所以在《万有引力》第1期时，欧朋文化用了超过六成的篇幅来讲述台湾设计师的经验和成果。图书推出后果然大受欢迎，售楼部原来还可以这样玩，让各地设计师醒过神来，图书迅速一抢而光。此后在第2期、第3期，《万有引力》动用了近八成的篇幅来讲述台湾设计，期期大受欢迎。

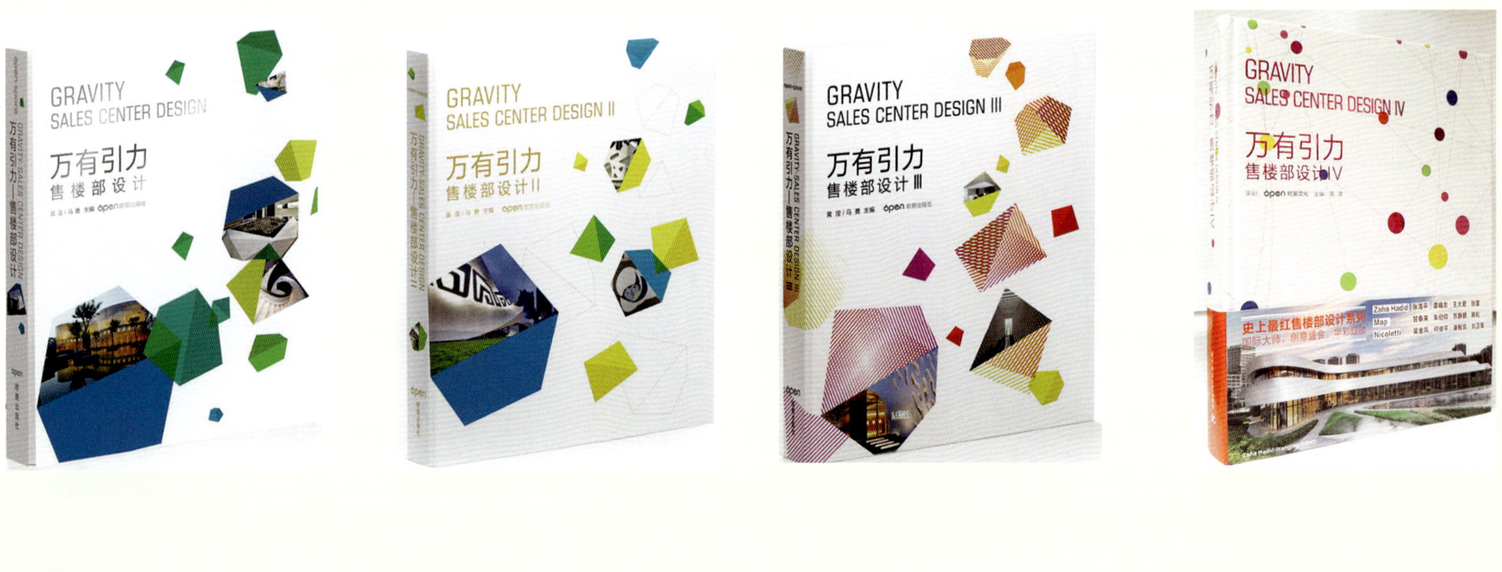

售楼部设计启示录

纵观中国台湾的这些售楼部设计，最值得我们学习的不是千变万化，炫人眼目的造型设计，而是以下几点：

1. 强烈的社会意识

大家都知道绿色、环保、生态、低碳、节能都是建筑设计的大方向，而台湾售楼部作为临时建筑大多逃不了被拆除的命运，这本身又是一种浪费。面对矛盾的两极，台湾设计师在设计时尽量用柔性的关怀去化解。在建筑设计的时候，就把它当成一个城市的地景去创作，使之存在一天就是城市一隅的风景，存在的就是亮眼的。选择建筑材料时，并不是越贵越好，而是物尽其用、不要浪费。多想想如何通过重构、组合、再利用的方式让材料的价值发挥到最大。所以你能在龚书章设计的台北首藏售楼部中看到煤炭做墙，还有在亲家爱敦阁那样高端定位的售楼部里用纸管做空间装置素材。材料在拆卸之后，还可以通过反复和循环利用，实现价值的最大化。在中国台湾设计师心中，更期待的是售楼部能满足售楼功能之外，承载更多的空间机能，能有机会保留下来就更完美了。龚书章曾努力说服开发商把完成销售任务的售楼部捐给当地的街区，用于艺术展览和文化活动中心。他还为售楼部预设一些功能，比如做在公园的某一角，销售完成后可以成为公园一景或某个功能区，或者在街区中的售楼部能成为公共空间的一部分，成为该地的文化中心，如图书馆、展览馆、礼堂或者公益中心。域研近相的设计师也尽量通过设计来体现对环境的保护和对社会的责任，例如从基地的配置角度，考量基地的永续资源与环境友善，对原有的植被，特别是大型乔木等如何保留或移植，原有的地形地貌如何透过施工法的调整来尽量减少对原有地貌的破坏等。还有设计中加强配置的坐向与日照间距、屋顶的集水与排水系统、水池与绿化等景观工程、照明与空调的能耗等属于建筑物里环境的考量，不仅能实质减少碳排放量，还能帮业主省下为数不少的成本费用。

2. 自我理念的坚持

好的设计师不但能用设计创造价值，而且有清晰的思维体系与创作观点。西方建筑的思考逻辑着重于形与物质的探究，讲求辩证与科学的推理，从光线、比例、配比到技法都有理智的方法论和数据来支持。而东方的空间观则常由人本身的意念与想象出发，追求物质环境以下的满足，探究空间能达到的境界。有坚定的信念及系统化思维体系的设计师，更知道什么样的建筑、空间设计能够满足并引导目标市场需求。比如大尺设计在做台北信义接待中心时，设计师借用西方建筑几何形体的逻辑认知，与东方山水画中的空间意念融合，设计出具有山水意象的现代空间。贵宾室、柜体、吧台都在形体上赋以山形水态，带动视觉的流动，再以墨镜的交错运用，造就水墨梦幻般的效果。这是第1期第1个推荐的作品，至今回看，仍然是那么优雅而时尚，并未因时间的流逝而过时。

3. 文化艺术的热爱

当物质财富积累到一定阶段，对精神文化的需求就会提升。民众的审美水平提升了，对艺术的渴望就越迫切。中国台湾的设计师，在商业与艺术的结合上做了很多的尝试。售楼部的艺术陈列也是相当丰富的，在符合品牌定位的前提下，会引入名画、雕塑、名琴、百年历史的工艺品等。对《万有引力》熟悉的读者一定会记得谭精忠，他是我们非常尊重的一位中国台湾著名设计师，他设计的空间质感丰富，气度温润儒雅，令人见之忘俗。他近些年一直在提倡“设艺之间”，探索如何通过艺术品的嫁接，提升接待中心的品位，营造美术馆般的艺术气场。在他这几年设计的售楼部里，艺术品已成为空间不可或缺的构成要素（如第4期的都峰苑与白金苑接待中心），甚至有的空间就是以画廊般的陈列效果来定制的。在第7期的馥华云鼎接待中心里，谭精忠将空间设计与艺术展览创造地结合起来，策展了“有龙则灵”主题展览，深度参与了展览中各件艺术作品的创作过程。谭精忠将售楼部功能置于设计的最前端，所有的布局、动线、气场都以顺畅完成销售功能为前提，由于地型狭长，设计师排列了一组建筑，通过一条倾斜的墙体回绕相接，以蜿蜒向上的龙身意念、流水曲线表达龙行无阻、盘龙出云的气韵排场。主动线以起（入口大厅）、承（艺术廊道）、转（咖啡吧台）、合（洽谈区）的韵律排布销售，“有龙则灵”展览巧妙地融入空间动线的每一个节点。入口处以朱铭的雕塑《太极系列·起式》迎接嘉宾，正对入门处，悬挂的是蔡国强的火药爆破作品《为龙年所作的计划NO.2》；艺术廊道以《假山石57号》开启，以谢曹闽的《红龙》承接，具有非常强的气场；咖啡吧台区内田望的《电气龙》为空间的焦点，霸气十足；洽谈区以常胜的《我是龙》影像为主轴，营造出缥缈清新的感觉。整个展览配合销售节奏，强化参观者的感受，使之对项目印象不深刻都不行。展览本身对吸引大众前来参观，引爆新闻话题也具有良好作用，这是销售与艺术的完美结合。

4. 自主的创新驱动

对于优秀设计师来说，创新设计就是一种本能。每一个设计师都希望在这天地间留下见证他心血结晶的作品。哪怕是临时建筑，也要在登上舞台时成为万众瞩目的焦点。从第1期到12期我们刊登的近500个售楼部作品中，张清平设计的东方帝国接待会馆是其中令人赞叹的经典之作。该作品以“龙的DNA”的主题，将龙的形态融入建筑造型设计与室内装饰当中。扭转颀长如龙的躯体般的建筑里，整合了中国五进富贵之宅的概念进行空间布局，融合东方哲思与西式科技的设计手法，为空间注入新的气息。所谓五进之宅，有一进一门之说，本案整合了园林、庭阁、轩、堂、院。在城，跨州府之通衢，非贵者不可居。在野，则踞山水之灵秀，非雅不能营也。一进展现的是园林的生机；二进呈现流水、庭阁的意象，营造“近涧涓密石，远山映疏木”的氛围；三进

以轩的姿态，打造迎接贵宾的前厅，可谓全篇的高潮之处。朱门大户、牡丹吊顶、佛手前台、山形展台、幸福天灯，每一处都有典故，每一步都见气度。这样的格调才是世家高门应有的姿态；四进是聚会的殿堂，精美的廊厅、高阔的书墙，正适合精英名士济

济一堂；五进为院，代指家人起居和乐，进行日常作息的地方。五进空间分工明确，层次丰富。五进之宅，栋宇绵延，富显于外，曲径重闼，德蕴于内，是深宅名门的创新演绎。

5. 造型设计别出心裁

谈到中国台湾的售楼部设计，如果不摆摆他们的造型设计，跟请客吃饭不给上肉菜一样，让人不解馋呀。说到造型设计，我们先从“建筑女皇”ZAHA说起，这个传奇的女设计师虽已落幕，她的设计仍然是许多城市的文化地标，让我们膜拜。她在中国留下了很多作品，有大型公共建筑，也有住宅社区。她的售楼部作品不多，但从里到外贯彻了她的设计理念，对我们来说仍是教科案例的经典存在。在第4期的望京SOHO售楼部、银河SOHO售楼部，你可以看到她经典的圆融线条，从景观到建筑、到室内、到灯光，如流水一般顺滑流畅，一气呵成，成为不可分割的一个整体。这就是大师的功力。我们国内很多设计师都在学习，可惜只得片鳞只爪，断断续续，拼得上气不接下气。望京SOHO售楼处的两层塔楼设计时以“动态山峰”为概念，设计灵感来自周边城市景观、太阳、风的动感，或者也可以说让其像鱼一样融入周边的社区之中。俯视时宛若两条游动嬉戏的锦鲤，而仰视时又犹如两座互相掩映的山峰，每一层都有两个重合的剖面。“动态山峰”的建筑理念还延伸到了售楼部内部设计。其曲线线条各自成型又相互联系。一层接待区、模型区、参展区全部集中在一个空间中。接待台如同一艘船，剖面没有一条直线贯穿。模型底座则像迎曦开放的花朵，白色花瓣触角延伸到不同的角度，在正厅的中间正好与弧形天花的形状和色彩形成呼应。中空大堂的天顶，也是以弧线相接，光带划出不同的曲线，星星般镶嵌的灯盏犹如璀璨的天河。ZAHA的设计已经不需要我们给她更多的赞誉之辞，每一个作品都是一座丰碑，我们只要用心去体会即可。在《万有引力》第10期的上海SOHO东海广场的中国创意中心设计理念一脉相承，非常值得一观。

造型设计对我国的设计师影响很大，我们也有做得很好的设计师，比如MRT的颜呈勋，在《万有引力》也多次介绍，其作品常常给人眼前一亮的惊喜。

SOHO中国CHINA

SOHO中国CHINA

再说回中国台湾设计师的售楼部造型，你会发现他们真的是当城市景观去做。现代风格的售楼部要没有一个争夺眼球的造型都不好意思说自己是售楼部。这里优秀的设计公司有好几家，比如齐物设计、域研近相、仲向设计、太沃设计和前面提到的大尺设计等。齐物设计在我们多期图书中，都能看到他们精彩的表现，他们在设计上不断地在结合新的设计元素，比如文化、艺术、现代科技等。还记得第3期让人眼前一亮的作品是翔誉之心，甘泰来以树林的意象来包装建筑外观，那蓬勃生长的形态，让人会心一笑并留下美好记忆。

还有域研近相也是让人印象深刻的造型大师，在我们多期图书中都有重点推介。域研近相一直在更换着各种表现手法，给你看到项目造型设计的无数可能。在第7期的OPUS ONE接待中心，域研近相从传统“骑楼”的空间精神出发，去掉围墙的藩篱，提供社区居民可以享受的开放空间，使项目回归到与人友善的关系。项目的核是传统的，项目的形却是现代的，圆润而又开放，让人心生好感。在第11期的国扬翡翠森林接待中心，域研近相从老庄思想的“太极”与“阴阳”作为配置概念的出发点，透过中国文字的行草概念书写运行，挥洒出一实一虚且极具生命舞动姿态的建筑量体，象征建筑与生态环境“虚实”与“共生”之间绿建筑的可能性。概念是中式的，形态是自由的，每一个角度都让人细细琢磨。而本案的一个重要价值在于打造成一座绿建筑：在生态环保方面，主要透过减少空调资源耗能以及节能玻璃、节能照明与可回收材料的运用来体现。在环境保护方面，则特别设计了让建筑中央环抱着一面景观水池，除了景观用途外，同时兼具地区防洪的作用。

售楼部造型设计出众，在国际上勇夺多项大奖的达观设计也是一家让人心生敬意的公司。总监凌子达本身是中国台湾设计师，在大陆市场上做了很多个优秀的售楼部，然后在国际各大设计评奖中获奖无数，让人不得不伸出大拇指，赞一句“了不起”。第8期日照华润中心是一个极具个人风格的作品。外立面的几何造型充满了张力，刀劈斧砍的切面，雄浑有力，像一个抽象的艺术雕塑。而空中引桥的玻璃长廊带来了一缕轻盈的气息。此外建筑墙面大块的玻璃窗，强化了这份轻盈，化解了建筑体量的沉重感。室内空间的起伏错落，以及接待台、墙身的几何切面，与建筑外观相呼应，丰富了视觉感受。

做《万有引力》选题的初始，目的是通过介绍中国台湾的接待中心设计，给大陆设计师以设计理念、创作思路的启发。当然我们也一直关注国际上其他区域的售楼部设计，也推介过美国、新加坡、泰国以及中国香港等多地的设计，但综合来说，案子最集中，优秀作品最多的还是在中国大陆和中国台湾。售楼部这样一个小品类的建筑形式的专题能出版12期，实实在在应该感谢中国房地产市场这些年的火热。而且我们非常欣慰地看到中国设计师进步得非常快，不管是从设计理念、营销思路、表现形式、装饰手法都在稳步提升，并且涌现了一大批优秀的作品。从第4期开始，《万有引力》推介的作品中，台湾作品的比例逐渐下降，大陆作品的宣传正在逐步成为主力，并且因为大陆房地产的形态更丰富，规模更大，投入更高，数量更多，呈现出来的售楼部作品也更丰富多彩。

传统文化的现代延展

先说说对中国传统文化的解读和演绎。因为欧朋文化对中华传统文化的偏爱，好的中式风格作品，都会进行重点推荐，恨不得让全世界看到。对中国传统文化深刻领悟，并创新设计的优秀公司非常多，除了前面提到的中国台湾张清平老师，大陆的水平线设计、涞澳设计、朗联设计、风合睦晨、纵阵纵横、昊泽设计等表现都各有精彩，这是一件让人非常欣喜的事情，我们中国传统文化，自己不好好传承并发扬光大，难道还等外国人来拿中国元素去赚全球的钱吗？中式风格的售楼部，在《万有引力》中好作品非常多，第5期成都中国会馆是一个让人念念不忘的作品，由何亚雄担纲主创。中国会馆作为中国罕见的会馆式平层大院社区，本案以其得天独厚的自然资源、独具匠心的规划布局、精工雕琢的建筑细节获得业内外高度赞誉，社会精英阶层在中国会馆满足了中国心结的同时，更是回归了传统的中国世家遗风，在大院里实现了中国式大团圆。整个院落群沿2 800米沱江源头中河河岸而建，产品涵盖从三进四厢的标准四合院到五进三庭的深宅大院，以及院中套院，数院合围、共享中庭的中式独院产品。中国会馆汲取传统庭院建筑的精华，墙高、檐宽都十分考究，对当地的日照、通风、节能保温、四季气候变化都有全盘的考虑。后现代主义的简约风格与传统四合院的空间构架、平面布局有着完美的结合，既保有四合院良好的私密性，又兼有后现代建筑的通透视线。将宅、院、弄、园、庭、街六维空间格局，层层展现友居氛围，升华院落精神的向合力，再现老成都亲邻和睦共处的场景。中国会馆售楼部的设计可以说是提纯了院落设计的精髓，融合传统公共建筑的宏伟气势构建而成。四面围合中心庭园，正门通道正对景观长廊，两厢分别为沙盘展示区与洽谈区，高阔的空间，开敞的布局，尽显世家名门气度。

让人印象深刻的中式风格作品还有很多。像涞澳设计也是我们一直很关注的设计公司，他们的空间总有一种温润儒雅的气质，就像世家公子，君子如玉风度翩翩，让人倾慕。第10期的公望会所，张成喆以山水意境来营造空间气韵。在他看来："中国山水画强调意境，常常在无声之中给人一种无与伦比的力量。希望能够将这种手法运用到室内设计之中，达到'深远、含蓄、内秀'的意境。具体而言，将中国山水画云雾缭绕，楼阁殿宇，若隐若现，溪水潆洄，板桥连岸，烟林掩映，淡墨轻岚，空灵清逸的美学完美呈现。"张成喆以此概念打造现代中式的会所空间，空间呈中轴对称布局，以米、灰和石墨绿为主要色彩，选用丝绸、锦缎、亚麻布料等材料，并糅合"奇松""云海"等元素，让设计达至大气端庄的气势，又于简约之中散发出浓烈的中国情怀，呈现个性鲜明的新中式设计。里面除了常规的营销空间外，还有硕大的藏书阁和一座私塾，配置了笔、墨、纸、砚、香炉、镇纸，这些文人书房的宝贝。翰墨飘香的环境里畅谈安居置业，何尝不是一件优雅的事。

异域风尚的梦幻演绎

中国设计师做异域风情的空间，很多时候因为文化背景的差异，或者对风格的简化与演绎不到位，会让人有粗制滥造、生搬硬套之嫌。当然我们也有设计师青出于蓝，做出来的异域风格，让人怦然心动。首先要介绍一个唯美派的梓人设计，颜政是非常具有国际范的女设计师，身形娇小，但是气场很足。她描绘出来的营销空间好像一个宫庭舞会现场，你会期待从旋转楼梯袅袅走下一位风情万种的贵妇，与你共度一个绮丽的夜晚。《万有引力》多次推介过她的作品，我们会好奇她作为一位中国设计师，为什么能把西方的空间艺术演绎得如此细腻。与她多次交流后，结论是除了得益于她深厚的美学功底外，对细节的关注精神让人佩服。举个例子来说，第10期的西派澜岸售楼部，定位为ART NOUVEAU艺术空间，这是一个更具思想与天才灵感的艺术表现形式。颜政从大量的资料里汲取创作灵感，所有的图腾、线条、图案、家具、雕塑严格按照原型的比例、形态、质感进行创作与整合。先打样，再调试，反复配比，确保每一细节丝丝入扣才予验收。西派澜岸呈现出来的效果如同摩登时代的一个梦境，金灿华贵，荼蘼香艳，刚柔并济，令人沉醉。

其实做异域风情出彩的公司有很多，比如玄武设计、天坊设计，当然这都是中国台湾的公司。对于大陆公司，再推介一个思想派的风合睦晨设计。其实风合睦晨做中式风格更加如鱼得水，有魏晋的洒脱，汉唐的大气，宋明的简美。第8期的中房西宁萨尔斯堡售楼会所实在令人印象深刻，打造了一个超现实主义的戏剧空间。该空间的设计创意来源于欧式建筑体的连拱形式，试图重新让人理解空间与人的潜意识心理状态的微妙关系并采取打破常规的思维方式，运用现代的空间构成方式，结合再次提纯后的欧式元素，呈现出现代主义与古典主义相结合的表现形式。梦境、偶发性、片段情节的闪现，狂想曲的表现，黑马的连续奔跑动作，毫无逻辑关系的事物构成方式，营造出强烈的戏剧化的超现实主义艺术表现氛围。其间运用象征性的表现手法，让人们的思绪得以连续展开、激情得以逐步释放。中央14米高挑的挺拔空间极具欧洲建筑文明的象征性轮廓，以项目沙盘区域为中心而发散性地设置的功能区域呈环绕式地向四周延伸；设计师用看似无序的布局来界定空间中的每个功能性空间，以音乐载体的形式作为空间情感的释放点，奔放的幻想曲式的弧线型造型语言作为设计元素。空间中融合了欧洲传统剧院的经典氛围，试图让空间本身能够自己说话，传递出既典雅又极具现代视觉冲击力的充满戏剧性的音乐氛围以及来自欧洲的魔幻舞台气息，让人游离于既现实而又非现实的状态之间。

《万有引力》推荐的设计公司里，有很多极具创作激情与表现能力，他们创作的方向有很多种，并且都保持极高的水准，你很难用某一类型或某一种风格去界定他，但是他们用各式各样的设计作品，为我们拓展了思维的边疆。比如纵阵纵横、柏舍励创、集艾设计、曼图设计、昊泽设计、协定设计，这些都是我们合作了很多期的优秀公司，建议你可以在各期中挑出他们的设计，横向比较地看，成功的公司必有成功的理由，他们会启发我们如何在正确的道路上加速前行。

优秀售楼部的标准

《万有引力》一直关注的是售楼部这样一个功能明确，规模不大的空间里，设计师用什么样的逻辑去规划，什么样的概念去聚焦，什么样的手法去创新，这是一块多么好的试验田呀，预算充足，发挥自由，没有后顾之忧，谁知道这块小小试验田地里能结出一颗蕴含多少能量的果子。

既然已经出版了12期，欧朋文化试图总结一下好的售楼部应该具有哪些特性，便于设计师比较衡量一下自己的设计是不是已经达标。如果把售楼部当成一个人来看，那么这个人生赢家应具有以下特质。

1. 颜值高：售楼部本来就是造梦给人遐思的空间，颜值不高，怎么能让人一见倾心呢。颜值高不只建筑外观要夺目，包括外部环境和内部空间都要给人留下美好印象。

2. 智商高：与时俱进，现代的新技术、新科技、新材料都能给人印象加分。售楼部里LED灯、显示屏等都有运用。未来的远程遥控、智能科技、机器人、虚拟现实等都可以装进这个空间盒子里，售楼部很多时候不是正快半步引领潮流，才让人向往追随吗?

3. 情商高：销售终究是以打动人为终极目标。情商高的空间，或让人亲切，或让人倾倒，或让人向往，空间氛围营造好了，再叠加精准的服务就能打动人心，心动了就会有行动。此外，绿色、环保、节能、健康是永远的加分项，值得设计师在设计时投入更多的关注。

4. 气质好：现在消费者见多识广，普通的营销包装已经司空见惯。如果让他们向往，进而追随，这就要靠文化与艺术的力量。一个富有文化内涵的空间比金光璀璨的空间更能让人心生好感，提升对项目价值的评估。文化有物质形式，也有软件服务，比如茶艺、插花、美食、珠宝览赏、投资理财、保健保养、非物质文化遗产，等等。艺术的范畴就更广了：绘画、装置、雕塑、影音图形、表演、电影、行为艺术等。将文化与艺术嫁接到营销推广的流程当中去，影响力就不仅仅在售楼部了，还是推广的重要话题和吸睛手段。

5. 能力强：完成销售功能只是售楼部的基本功能，一专多能才是未来售楼部延展的方向。谁说售楼部不能成为大众服务的公共空间呢，办一场艺术展、搞一场音乐会、开一场名品秀、做一场电影品鉴会、做成理财讲堂都是已经实现过的，还有设计师往里面叠加咖啡馆、茶艺馆、休闲吧、电影俱乐部、书斋、私塾等功能。售楼部的社会属性越强，越能吸引更多的关注和更广泛的客群。售楼部有无数可能，就看大家怎样创新去开发。

与时俱进，因需而变

总结过去，是为了看向未来，路要怎么走。以上讲了这么多售楼部设计，那么售楼部未来发展趋势是什么？从国外来看，地产发展比较成熟的国家，美英德法售楼部很少，还很小型，一般不会像中国这样大规模建造并装饰华美，反而是发展中国家，在中国及东南亚地区，还时不时出现售楼部方面的优秀作品。从互联网发展趋势来看，交易是有可能通过网上办理交易相关手续，现场更趋向于体验和咨询，所以售楼部的设计将向更多体验、更个性化的空间发展。从近期科技进步来看，VR虚拟现实已经开始进入销售体系，现场展示不了的，VR可以实现，比如说环境的营造，整个社区建成是什么样子，一年四季的风光变化是怎样的，业主行走在社区里面观感是怎样的；样板房全方位的展示，地产界的常规做法是挑好的户型或主打户型做样板房给客人直观地感受，而通过VR所有户型都可以布置成样板房给客户看，甚至一套户型搞好几个风格给客人挑选；精装房提前进行装修预设，客人进入VR情境后可以直接置入到客厅、厨房、卧室等各个空间，看看尺度，了解采光，挑剔装修，甚至可以提前预设精装修所选的材料用到空间里是什么效果；而且VR更具灵活性，可以到不同区域不同城市去展示，只要带上设备就可以出发了，灵活性大大增强，等VR设备普及了甚至可以不分时间空间任何人都可以通过VR感受现场。以上等等，对开发商是多么重要的销售道具呀。它能达到节省时间成本、资金成本、空间成本三大目标，对开发商的诱惑是极大的，现在万科、万达、龙湖、远洋都已经开始采用，它的普及将只是时间问题。那它对设计公司有什么影响，VR接口要提前设置吧，VR欣赏空间要做舒适吧，参观现场的动线要调整吧，样板房的设计数量也有可能减少，因为搬到VR上去了，可能出设计方案，比现场装修更重要了，还有什么变化，要设计方与开发商共同探索。这是科技进度对售楼部设计的影响。所以售楼部应对未来发展变化的恒定法则就是八个字：与时俱进，因需而变。包括科技、服务、体验等，都要跟着时代的前进与需求的变化而进行调整，直到它的功能完全被取代，售楼部也将功成身退，在历史的舞台上光荣谢幕。

A Modern Style

现代风尚

上海旭辉铂悦滨江售楼处

Xuhui Boyue Riverside Sales Center, Shanghai

设计公司：KLID 达观国际设计事务所
设 计 师：凌子达、杨家瑀
摄 影 师：施凯
项目面积：800 ㎡
主要材料：罗曼蒂克灰大理石、西班牙金小花大理石、橄榄珍珠大理石、拉提木、重竹木地板

起伏的边界，立体的造型，带人仿佛进入山间谷地的抽象自然空间里。本案建筑外观是一个六面高清透明玻璃方盒，内部通透，无任何格局或者隔间墙，只散落了一些柱间支撑（Column Bracing）。按常规的方式分隔，要么会显得呆板，要么会阻隔视线。设计的难点在于：

1. 通透的空间，如何进行空间界定，将功能性区域区分开来，又不影响通透空间的整体视觉美感。

2. 需进行空间界定的功能区域较多：影视厅、售控前台、大堂、沙盘区、模型区、洽谈区、水吧、附属空间（卫生间、小型办公室等）。

设计师的设计思路是这样的：在整个设计中，打破传统思维，摒弃通过实体墙面来划分区域的思路（这样会使有限的空间被切割成零碎散落的小份，外部的整体感观显得很凌乱），运用一种全新的布局理念，能贯穿全场，串联起所有不同空间，同时又能做到空间的界定，呈现出整体造型的美感。

设计师给出的解决方案就是折纸艺术。折纸起源于中国，慢慢发展成不只是儿童的玩具，还成为建筑学院的教具，运用在一些建筑设计中。折纸的意义在于：虽然是薄薄的一张纸，但是能变幻出许多不同的图形，并形成立体的造型。

折纸又称“工艺折纸”，是一种以纸张折成各种不同形状的艺术活动，既富挑战性又能启发思维。折纸中常用的折叠手法有“山折”（Mountain）和“谷折”（Valley），山折就是凸起的折痕，谷折就是凹下的折痕，简单的一张纸，通过精心构思折叠，综合运用山折和谷折的技巧，营造出高低起伏的视觉美感，展示出逼真的立体空间效果。

铂悦·滨江 Park Mansion

铂悦·滨江 Park Mansion

在本案的设计中，通过折纸的手法，呈现了以下的效果。

1. 空间的界定

折纸的形态首先围合出一个大堂空间，接着一个谷折包围出一个蛋形空间——影视厅，此时顺着折纸的方向，运用谷折技巧定位出售楼前台，紧接着空间旋转出沙盘区，线条的转动衍生出接待厅……高高低低的折纸形态（地上一墙面一顶上一地上一墙面），不同的区域模块错落有致地摆放在玻璃方盒中。

2. 空间的整体雕塑美感

从高清透明玻璃方盒外面向室内观望，会发现盒内错落有致的功能区域模块组成了一件巨型的雕塑工艺品，错落的分布，流畅的衔接，带来高低起伏的视觉美感。

绿地杭州之门展示中心
Greenland Hangzhou Gate Exhibition Center

设计公司：上海曼图室内设计有限公司
设 计 师：冯未墨、张长建、潘超
摄 影 师：张静（三像摄）
项目面积：3 849 ㎡
主要材料：热熔玻璃、不锈钢、大理石、白色烤漆板、超白玻璃、木饰面、皮革

“风乍起，吹皱一池春水。”

项目位于杭州钱塘江南岸、钱江三桥以东，由滨江区和萧山区共同建设的杭州奥体区块，是中国 G20 峰会的核心位置。室内以复合型体验的智慧展示馆为核心设计理念，打造以高科技体验为主，是展示绿地集团企业文化、推广高端产品及政府宣传的舞台。通过对自然界中水的原型抽象，利用曲线的设计元素将空间中的形体、色彩、质感、光影相互结合，旨在为客户营造一个全新的体验空间。

人们进入大厅之后，12 米高的巨型曲线热熔玻璃幕墙形如巨浪，气势磅礴，是整个空间的点睛之笔。它延续曲线的设计元素，灵巧地将室内各功能空间串联衔接。

拾级而上，地面科技感十足的触控感应玻璃将跟随人们的行进轨迹律动变化，趣味性的互动引导访客来到沙盘展示区域，11 米长的大弧型幕与下沉式的沙盘体验互动，它将作为政府与企业宣传形象的窗口，实时推送多元信息。

一层中心的多媒体模型台，它享有大魄力的三层挑高空间，悬吊的水晶艺术装置宛如青烟般地漂浮在空中。

进入科技体验区，当访客抬头仰望，超酷的黑色方盒从天而降，配合 4D 的投影屏彰显着它动感十足的个性。

二层北侧为洽谈区与高端 VIP 室，南侧为光影交错的墙面，生动而充满韵律。

三层为贵宾包房、茶艺房与专属的奢华餐厅，当访客临窗而坐，全视野的光电玻璃，将室内展示空间尽收眼底。

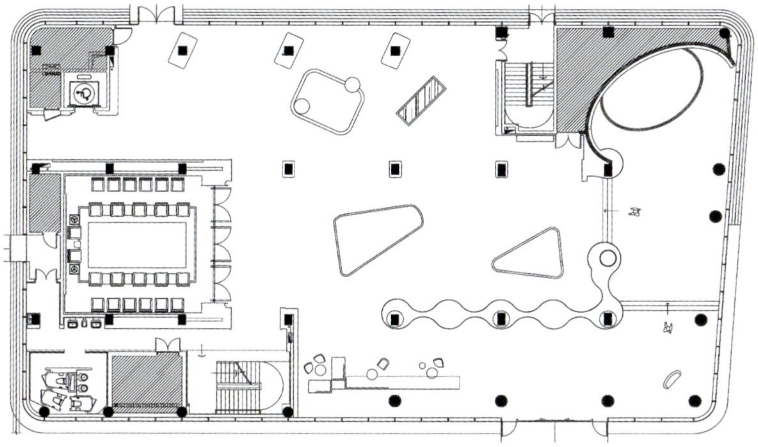

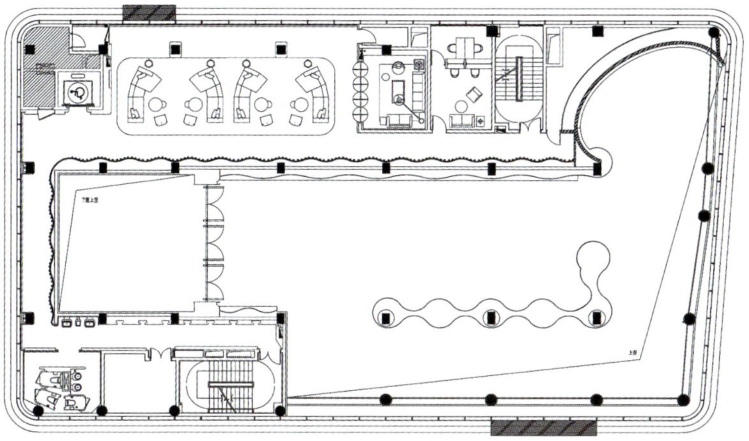

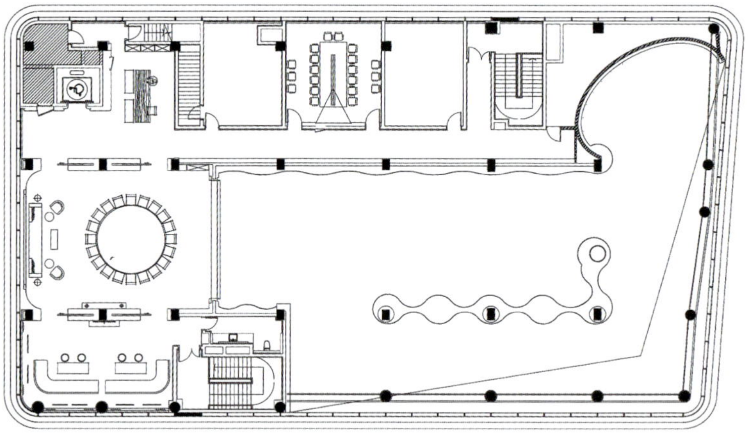

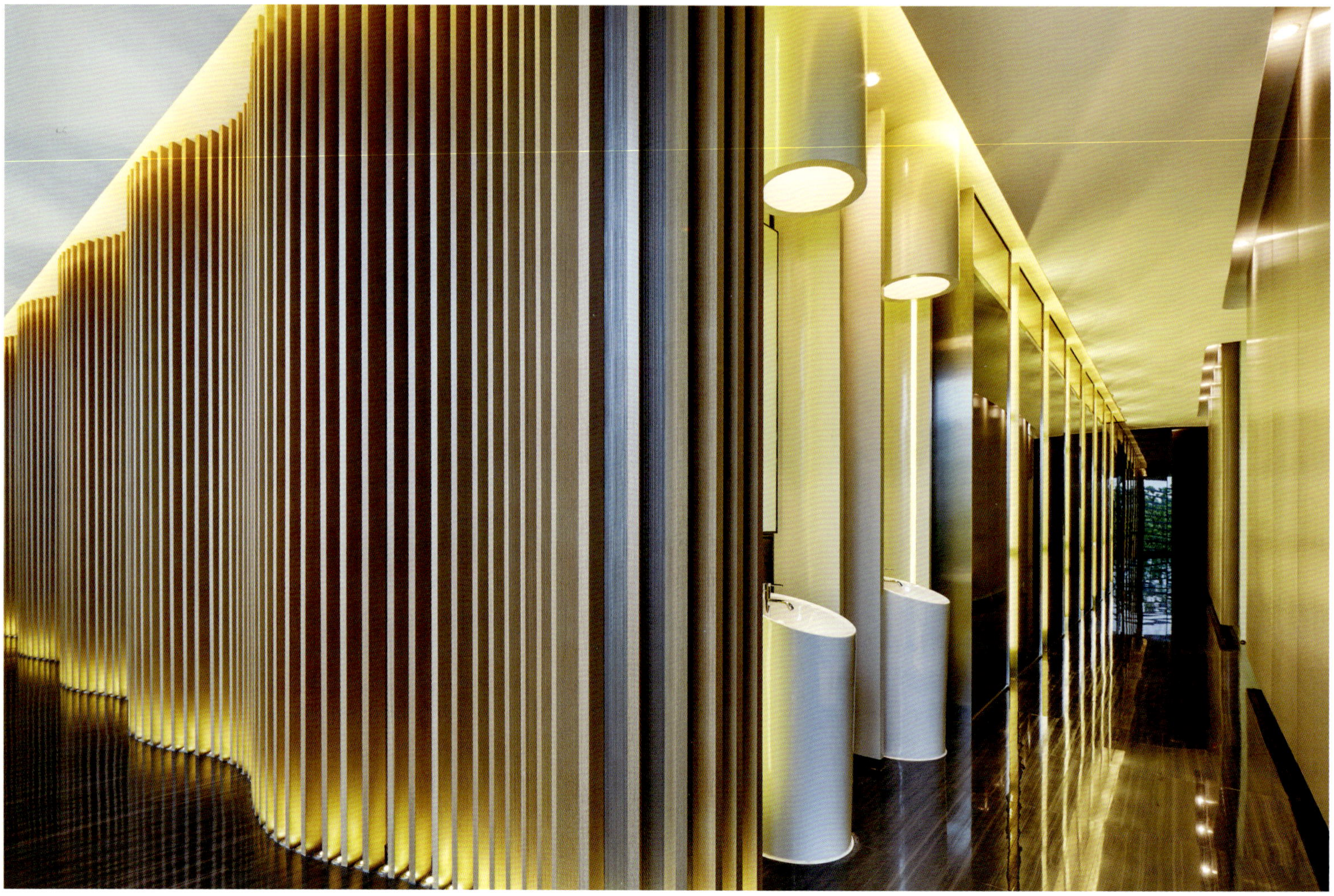

上海天荟营销展示中心
TOD TOWN Sales Center, Shanghai

设计公司：齐物设计
设 计 师：甘泰来
参与设计：魏振铭、简伶倢、刘郡盈、吴旻熹、张瑞成
摄 影 师：卢震宇
项目面积：室内1 500 ㎡、户外6 000 ㎡
主要材料：天然石材、镀钛灰镜面不锈钢、黑铁氟碳烤漆、石头漆、柚木木皮、木地板、洗石子、灰镜、定制地毯

此案 TOD TOWN 在上海是全新的都市发展概念，以公共交通为导向建立一个全新城市综合体，并实现天空之城的梦想。

因此营销展示中心以全新的多视角考量，进而发展出新的空间精神，利用空间中虚与实互相渗透，架构出新的营销展示中心。像是此项目发展出的场所精神，建筑与交通、人与自然之间，整体空间充满着宽敞流畅与和谐共生，透过全景玻璃帷幕，加上精致的绿植造景，让室外自然气息充分地与室内融合，呈现出与项目精神融洽呼应的展示空间。

进入展示中心，映入眼帘的是高耸的屏风，像是此建案多条交通动线及商业中心汇集结合而成，并透过人文艺术方式所呈现出的 TOD 艺术品。背后宽敞大楼梯像是要将我们带入新的 TOD TOWN 通道广场，此大阶梯透过大片落地窗，视觉上从室外渗透进室内，也是展场

空间的一个部分，并结合地板一路延伸至一楼展示厅，透过展厅的大片落地门与户外景观吧台结合，让空间的内与外之间融合为一体。二楼的挑空区利用空间中的桥，连接大挑空的动线，像是时间的隧道，引领我们进入新理想中的天空之城。

本营销展示中心实为一个复合式的多功能空间，一楼的大型开放空间结合着半户外及户外空间，开发商可不定期举办一些与销售相关甚至不直接相关的活动，同时又可以独立于二楼的展示空间，让二楼的营销展示自行持续进行。而二楼的艺廊空间，在融合艺术品展示的同时，亦可身兼商务洽谈的功能性空间。

整体设计以流畅的空间视觉手法，并利用空间虚与实之间，相互应用，紧密结合天空之城的终极目标，为多功能展场的空间概念，展现出此营销展示中心。

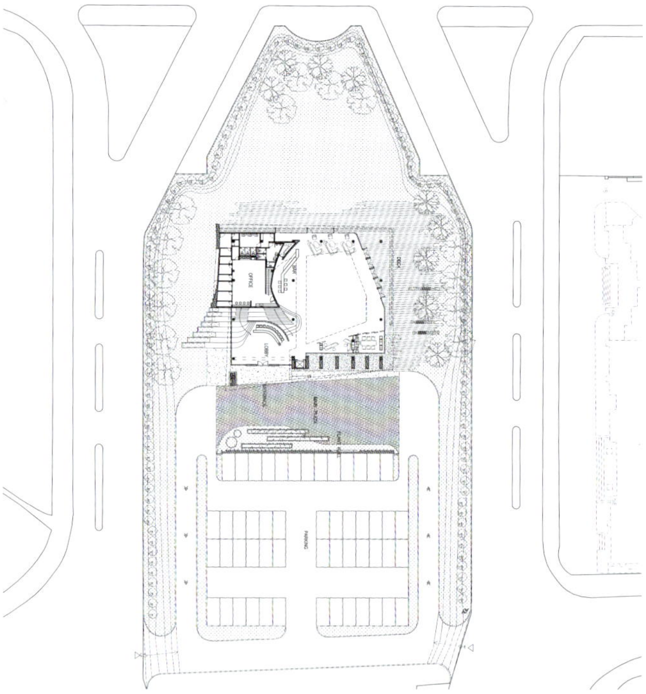

TODTOWN 天荟

TODTOWN 天荟

TODTOWN 天荟

TODTOWN

TODTOWN

南昌蜕变的线条
Undulating Lines, Nanchang

设计公司：赵牧桓室内设计研究室
设 计 师：赵牧桓
摄 影 师：李国民
项目面积：1 500 m²
主要材料：镀钛不锈钢、大理石、木饰面板、金箔

设计，是解决问题的一连串过程……

每个案子的开始对我而言都是最头疼的。从什么观点去切入问题并解释，甚至创造出其空间特色又符合项目特定的功能属性往往要花掉我很多时间。没有经过大量的研究、分析与思考，然后归纳出一个可行的解决方案之前去做一个案子，会让我觉得心里没底，而且感到焦虑，当然这个案子也不例外……虽然过程其实比这个描述更加复杂，因为牵扯到客户本身的变数，以及彼此在问题思考逻辑上的磨合，甚至整体方案做到一半推倒归零再重新开始的各种反复。这些好像都已经变成我每日生活上的一种重复，周而复始。所以，就我个人而言，在开始的过程里其实理性的成分是多于感性的。

这个案子的基地本身是一个全西洋古典的建筑，在业主委托给我任务的时候，要求是要做一个奢华的古典风格。进门有个挑高两层并带有天窗的一个大空间，两侧各有一个相对小的附属空间。这样的条件去做一个古典主义的风格其实不难解决，只是我不喜欢这样简单的解决方案。一个绝对对称的空间做西洋古典的调子虽然说顺理成章，但是缺少了自己创新的特色。其实说穿了，无非是我自己想搞怪，做点我自己也觉得开心的东西。因此，我决定根本性地颠覆一些设计做法。

入口原本应该是左右对称的双跑楼梯，我决定放一个弧形的楼梯和一个正圆的楼梯，虽然两个楼梯在平面配置上都属于古典风格里的常规造型，但是却也因为这样非常规的处理方式产生在立面造型上不

同向量上的撞击，进而在三度空间里变成了有趣的雕刻品。然后，在发展的过程里，进而发现如果在端点的形体上加以延伸，甚至直接拉到顶端的天窗部位，整个入口空间的视觉冲击力能发挥得更大。这种造型上的矛盾产生的变化倒是让我玩得很开心。整体环境空间也就以入口楼梯作为核心焦点很自然地往两旁的附属空间延伸。为了加大并凸显中间的核心焦点，两侧决定以线性的天花和地面造型铺陈，只是在大小的比例上加以变化。

造型上的突破并非以华丽为主轴做的创作，所以在材质上尽量用感觉比较贵气的质感，大理石、镀钛金属、木纹等偏向豪华质感的再加工品成为用料上的主调，色彩上则运用金色、黑色和偏暖色的色系。但是在色相上的对比不是太大，在明度上的对比反而加以强化。让整体的调性在色相上维持相对统一，但是经由明度上的变化产生的对比去增加一些活泼感。

佛山绿地中心售楼处
Greenland Center Sales Center, Foshan

开 发 商：绿地集团广州事业部
设计公司：集艾室内设计(上海)有限公司
设 计 师：黄全
参与设计：李伟、孙天俊、刘康
摄 影 师：张静（三像摄）
项目面积：1 400 m²
项目地点：广东佛山

佛山绿地中心售楼处运用东方元素结合现代简约设计的表现手法，构建出一种极具重量、沉稳厚重的存在感，希望以一种表达东方审美的自我态度来表现。空间中的东方精神，透过现代的方式诠释经典，将生活形态和美学意识转化成一种天生却可以感知享受的设计语言。

设计的序曲从门厅接待就已开始，而 7.5 米高透明超白装饰玻璃屏风的背景，大块面的木饰面通过不锈钢的“链接”，使空间看起来既精致又大气。通过门厅之后也是别有洞天，参观者会发现整个空间并不是那种“开门见山”，直接看到模型区的格局，而是融合了传统中式设计手法，采用一进的空间布局。

穿过企业展示区便揭开了整个售楼处的“庐山真面目”。

建筑与室内本是无可分割的一个整体，而室内空间的布局以及造型都是利用建筑空间的一种延续并再次升华，并试图以酒店的人文气息去呈现出与过去截然不同的营销中心。因此，在设计时便提出将玻璃、水、绿意、阳光引入室内，一种非城市的自然生活，赋予空间纯粹的语言。模型台上方天窗的日光更是透过冲孔铝板洒在艺术水晶灯上、洒在模型台上、洒在大理石的地面上、洒在参观者的身上，仿佛参观者沐浴阳光一般惬意。

洽谈区中间隔断运用屏风手法，材质上替换“密”型材质，改为“疏”型的金属网做隔断。傍晚时分，沿窗的室外景观环境，呈现另一种美。

宴会厅，设计通过 7 米高的装饰大移门赋予可封闭可开放的空间，更具多元化。

水，生命之源，人本来具有亲水性。宴会厅三面环水、垂直流水墙，水景上方的天窗，更是将有山有水的禅意空间体现得淋漓尽致。

杭州 · 长龙领航营销中心
Changlong Pilot Sales Center, Hangzhou

设计公司：深圳市盘石室内设计有限公司
吴文粒设计事务所
陈设设计：深圳市蒲草陈设艺术设计有限公司
设 计 师：吴文粒、陆伟英
参与设计：陈东成、裴春艳
摄 影 师：陈维忠

百年潮 · 中国梦

梦想，很抽象，甚至虚幻，却也是最能说服现实，推动现实的动力。

有位哲人曾说：一个国家处于上升期的标志之一，是这个国家开始拥有它的“造梦”能力，它的国民也开始自信地谈论自己的梦想。

当我们仰望苍穹，寻找梦想星空的时候，当我们回眸泱泱华夏源远流长的文明史的时候，毫无疑问，“中华民族伟大复兴”之梦想是一个拨动人心弦的意蕴，无论是中国领导人还是民众，都对中国梦充满期待。中国梦是属于世界的，也是由亿万个普通中国人的个人梦想汇集而成的。

中国梦 · 飞行梦

千百年来，人类对飞行的着迷从未停过，不惜时间、精力、财富，甚至生命的代价去热衷于飞行这件事情。尽管现在人类已经可以冲出地球飞向太空，可在追寻飞行梦的道路上，人类经历了几个世纪荒诞无稽的尝试。无疑，飞行是我们戒不掉的瘾，是人没有不想飞的，我们天生的冒险基因一直在身体里叫嚣，渴望飞出这个圈子，飞到云端里去，凌空去看一个明白。长龙领航和我们都相信每个人都是生活中的飞行家，渴望冒险、渴望自由、渴望飞行，那么就让我们这份渴望照进生活。

海拉尔
西宁
银川
呼和浩特
兰州
北京
唐山
丹东
西安
杭州
武汉
深圳
张家界
重庆
香港
台湾
三亚
澳门
南宁
丽江
成都
贵阳
达卡
巴厘岛
雅加达
长龙航空
LOONGAIR

飞行梦——《梦·初》

所有的大人都曾是小孩，虽然很少人记得……

一个可爱的孩子，脸上洋溢着天真的笑容。他小心翼翼地折好纸飞机，轻轻地放飞。纸飞机，在蔚蓝如海的天空中自由地飞翔着，它飞过城市的高楼大厦、飞过村庄的四季田野、飞过广阔无垠的大海……它，承载着孩子的梦想，就这样一刻不停地飞……

年少时，我们心中充满着浪漫的飞行梦想，希望自己也如那纸飞机一样，仰望蔚蓝的天空，超越地平线，意兴飞扬。想起这一幅美好的画面，心里微微荡漾起小小涟漪，希望将它带到营销中心的情境体验中。

长龙领航项目位于江南水乡的杭州。杭州，比起不相信眼泪的北上广，它既相信眼泪，更相信梦想。这座古老而又年轻的城市，因它的宽容与柔情也让越来越多的游子回归寻找自己最初的梦想。在杭州首个飞行主题的社区中，我们希望打造一处媲美于杭州奥体天空之城的空间体验，向每一位进入长龙领航的人传递空间内在的价值与生命力。

如天空之城般的空间流动，给人时空穿越的幻象。云端贵族们身在云际流淌之间，在这里重拾梦想与探索世界的好奇心，体验星际穿越般的梦幻之旅。龙动云涌的空中脉络既意味着长龙航空的创新航脉，也是杭脉。

温馨、幽静的会所区域，演绎着西湖之印象，让人放松身心、静心探索梦想之旅，探幽涉远，等待风起云开，圆梦起航。

成都天合正兴会所
Tianhe Zhengxing Club, Chengdu

设计公司：矩阵纵横

设 计 师：王冠、刘建辉、王兆宝

项目面积：3 000 ㎡

主要材料：锈铜板、洞石、橡木直木饰面、中国黑大理石、铝通格栅、灰麻石、实木复合木地板、黑色不锈钢

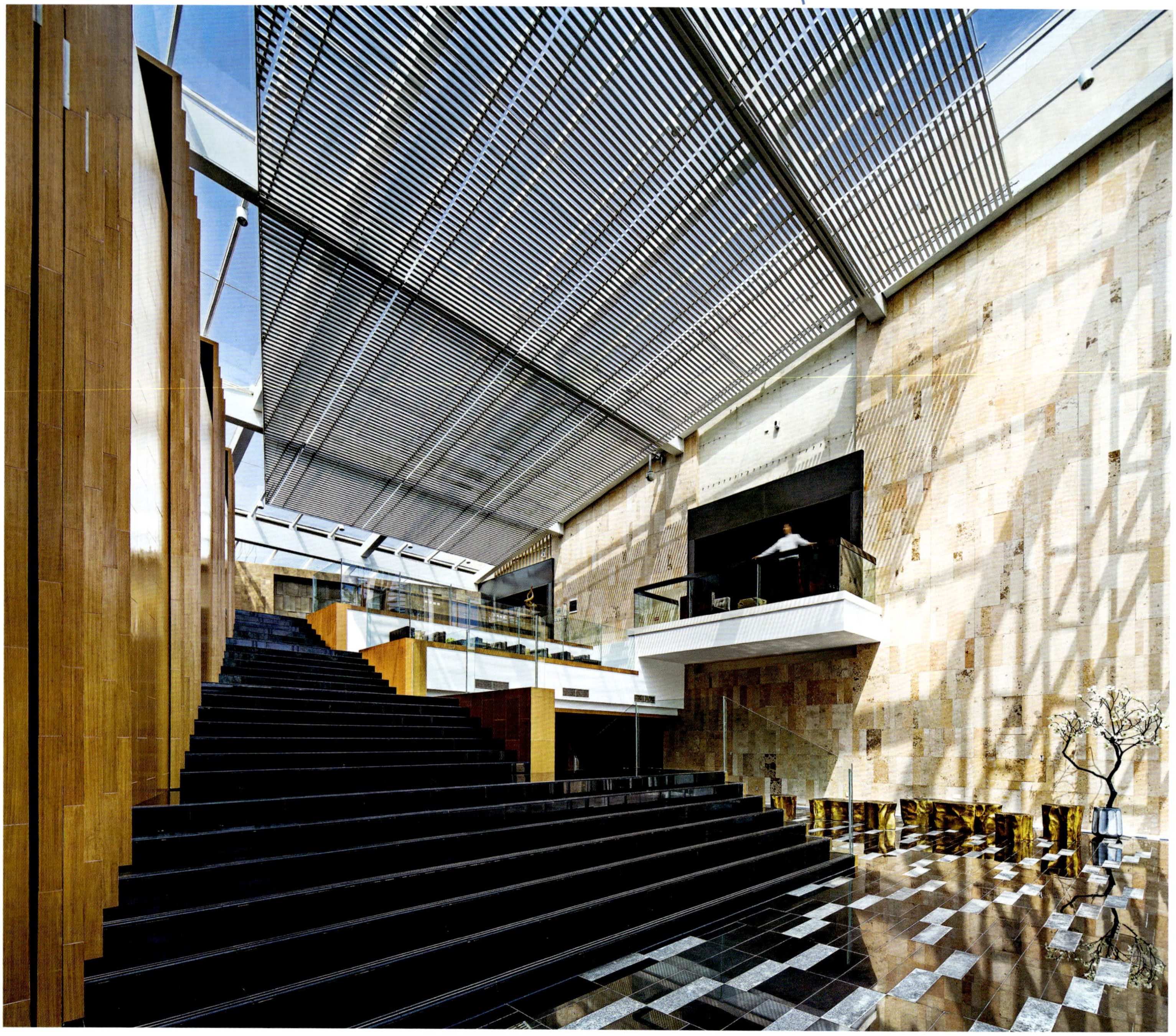

建筑空间韵律感来自空间的节奏，我们一贯注重空间的尺度与人在空间中的感受，注重自然光与人造光源在空间中合理运用。光影是统一局部的有效方法。虽然统一局部的方法多样，例如：形式、材料、细节都是可考虑的手法，但是没有哪种手法如光影来得有效。本项目就是很好地运用光与影，使得各个局部之间既存在强烈的对比，又能达成完美的统一。

自然光源与人造光源在空间里互相补充，又恰到好处的融合，在不同的时间段，光移影动，让简洁利落的空间也有了生动的表情。空间内部以开放的格局，给眼睛以开扬豁朗的视野。不同功能区，以天花造型的变化，丰富空间层次，带给人不同的感官体验。

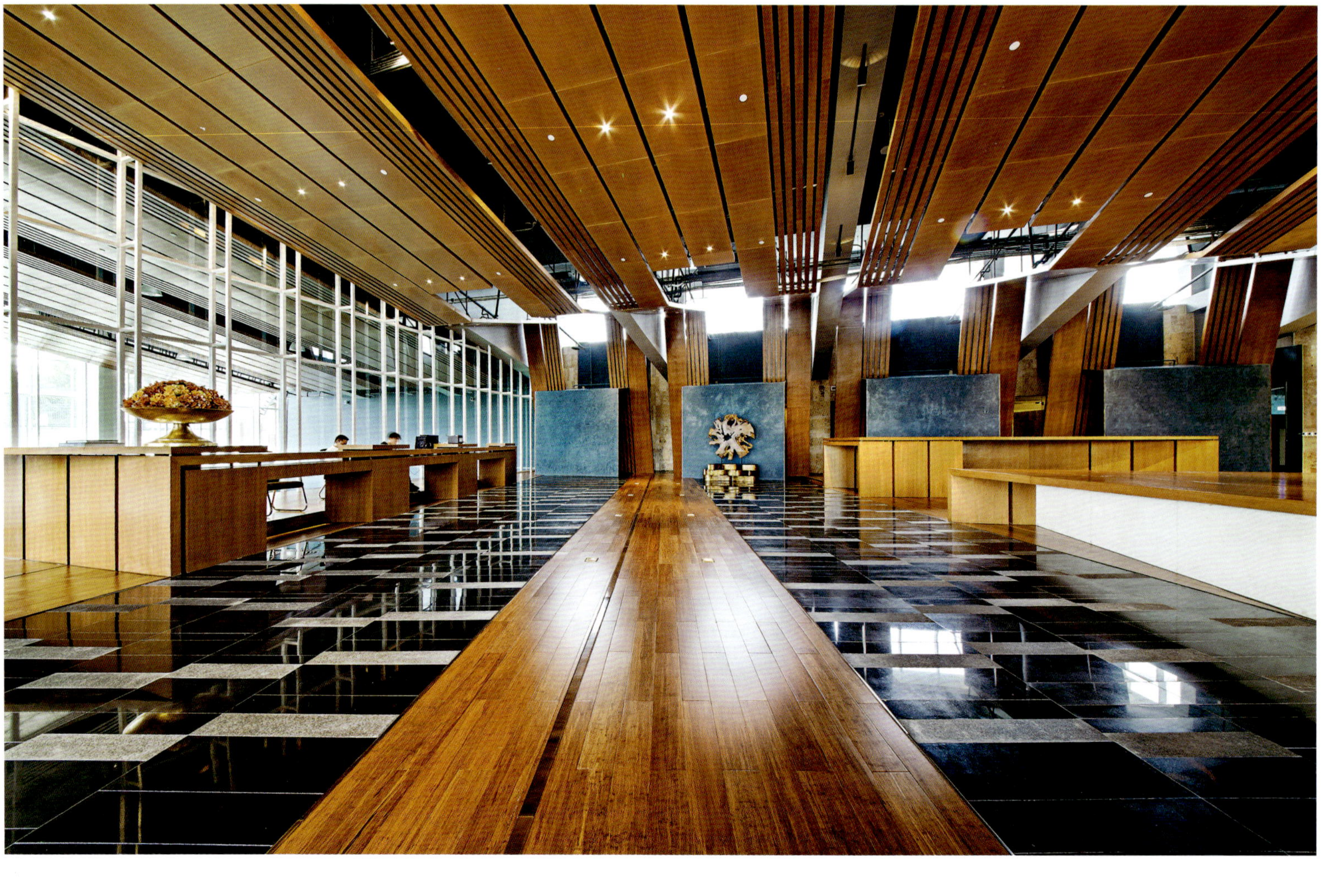

武汉华发中城荟营销中心
Huafa Zhongchenghui Sales Center, Wuhan

设计公司：朗联设计
设 计 师：秦岳明
参与设计：肖润、何静、阳雪峰
项目面积：1 286 m²
主要材料：直纹白玉、树脂板、木饰面、皮革、不锈钢

伯牙以琴遇见子期；

李白以诗遇见杜甫；

而当华发 · 中城荟落地武汉 CBD，它又该以何种方式与武汉产生对话连接?

不想脱离武汉去臆造一个毫无关系的风格，所以我们对当地文化进行了深度考察。东湖雨后，湖面泛起的涟漪激发了设计师灵感，也让我们找到了答案——水。江河纵横、湖港交织的武汉，水，既见证了它的繁荣与发展，也滋养孕育了它几千年的历史人文。这一次，我们试图营造的是一个以水为题、润物无声的自然空间。

水的性格，化在动静之间。因此，如何演绎它并将其自然地融入空间成了本案的设计要点。于是，我们将室内外的实体水景，空间的屋顶、墙面、屏风，抑或是灯具和艺术装置、壁画、摆件等，都活化

为“水”的载体。那些提炼过后的“水”之意象，便在不经意间唤醒来访者内心深处的美好涟漪。

在入口两侧，我们设置了延续室内外的水景，希望借此在热闹都市中营造一种“复得返自然”的静谧之感。在空间的立面处理上，白玉石墙面细腻的水波纹，与上部横向线条变化部分形成“涟漪”纹理相呼应，有如湖面投进了几颗石子。层层递进，引人驻足、遐想。

而在室内灯具的设计中，我们着重凸显“水”的律动质感。接待大厅聚合有致的组合灯具如清晨的露珠，同时亦具有强烈的导向性，在空间中自然的流动。而模型区上方的组灯，则如倾盆而下的太阳雨，瞬间将视线引向中心模型，使其变为全场焦点。

相对于其他空间，洽谈区的设计更加注重营造内心与情感的交流与对话。以艺术装置和屏风区隔的洽谈区，动中有静，既现代又传统，逼真地诠释出水的精神和底蕴。水墨意境的绢丝隔断屏风，将“墨即是色，水晕墨章”“象中有意，意中有象”的水墨意境向我们铺展而来；而灵感源于中国台湾云门舞集的现代舞剧《水月》的大型艺术装置悬挂其中，灵动舒展的线条犹如水在阳光下舞蹈，形成强烈的视觉符号，化成洽谈区的点睛之笔。

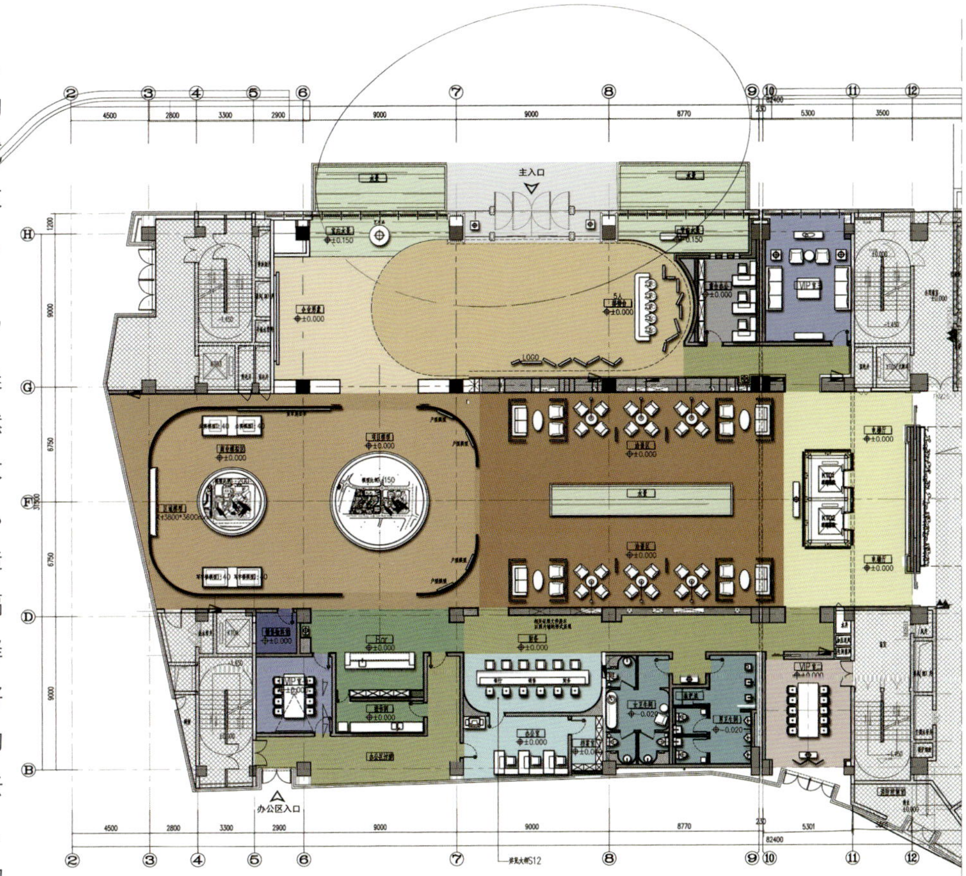

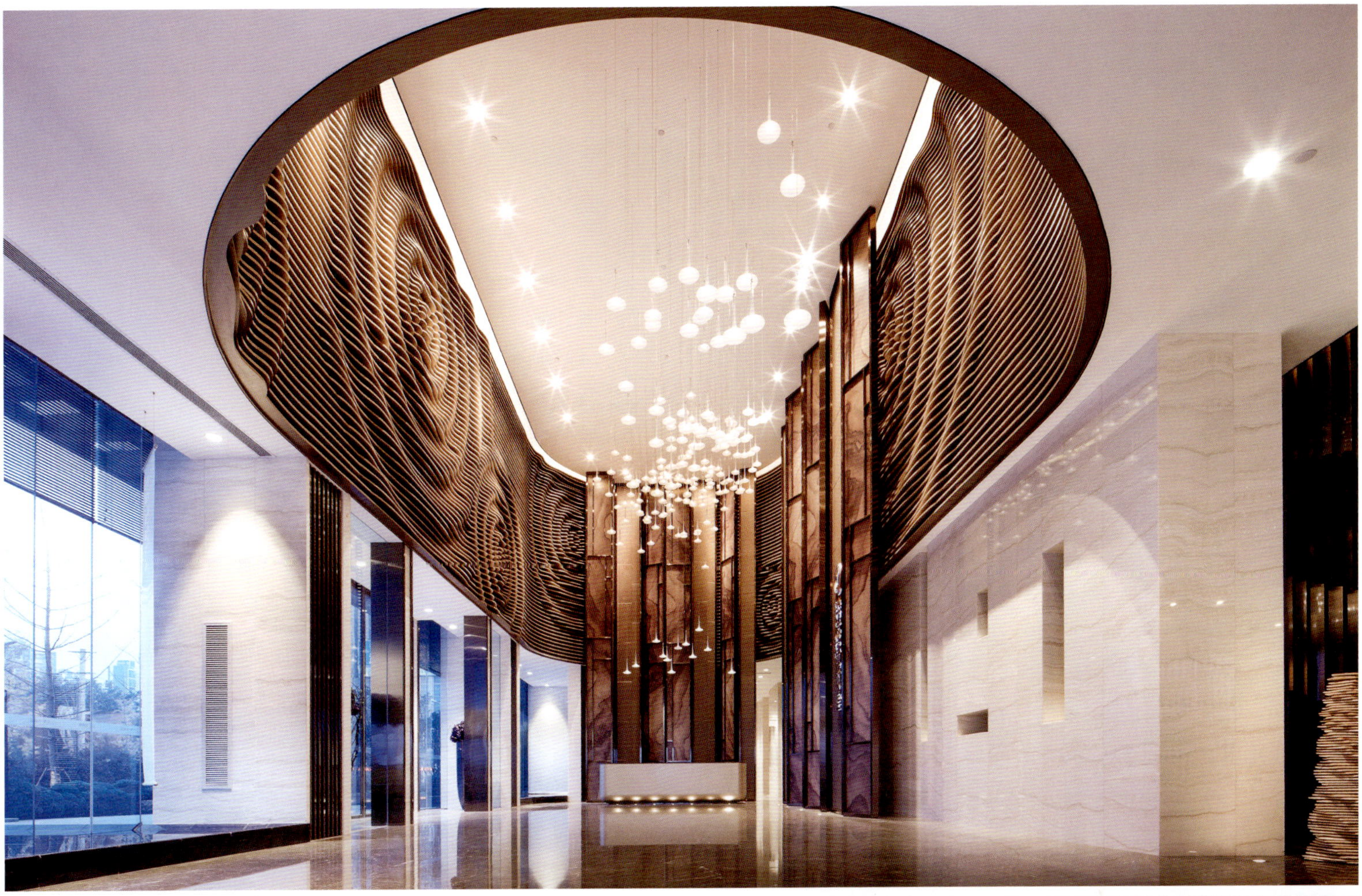

上海绿地·黄埔滨江售楼处及会所

Greenland Whampoa Riverside Sales Center and Clubs, Shanghai

设计公司：HWCD（Harmony World Consultant Design）
设 计 师：林宏俊
项目面积：1 500 ㎡

绿地·黄浦滨江位于上海的中心，黄浦滨江带与南北高架的交汇处。这里曾是卢湾区的地界，既有新黄浦的海纳百川，又有着老卢湾的尊贵古雅。

“浦江之水”的设计概念贯穿于项目的设计始终，也与黄浦滨江的人文背景和整体定位相符。设计团队选取了高级定制品牌尚敦家居的家具、饰品系列进行搭配，并引进了大量艺术家定制的装饰画和大型艺术装饰品。样板房内家居陈设来自尚敦旗下“Bespoke Collection”品牌，由伦敦全进口定制。柔和的整体色调、简洁现代的造型、精致柔软的面料、高级定制工艺使整个空间奢华而不失优雅，充满活力。

整个售楼处的室内空间充满了尊贵感而十分现代。顶部错落有致的大面积定制款水晶吊灯水珠般剔透，引导着宾客们。入口处流线型铜质接待台以金属材质演绎柔美的造型，既有行云流水的外形又有坚实的质感。

大厅内部，开敞的空间内摆放了多组流线型沙发。简洁的造型、

真皮材质、精致的工艺细节，无不展现着整个空间的奢华。值得一提的是，摆放在落地玻璃窗前的黄铜定制钢琴由艺术家特别设计定制。圆形底部向上展开，呈现出独特的视觉效果。

会所大厅宛如一间大型的书房。室内侧墙大面积的展示架上摆放了各种艺术收藏品和书籍。定制沙发组穿插采用丝绒、真皮等高级面料，搭配亮漆面构架，尊贵而舒适。而顶部的水晶吊灯延续了自然、流动的设计理念，成为整个空间的点睛之笔。无论是会客、洽谈还是小聚、闲聊，这里都将成为宾客们闲暇时光的好去处。

会所餐厅设有就餐区和会客区，自然的绿植背景墙使就餐环境更为自然、舒适。设计采用天然大理石台面餐桌和弧形简洁餐椅。轻巧的造型对家具的制作工艺提出了巨大的挑战，但同时也为就餐者提供了更大空间和更为轻松的就餐体验。

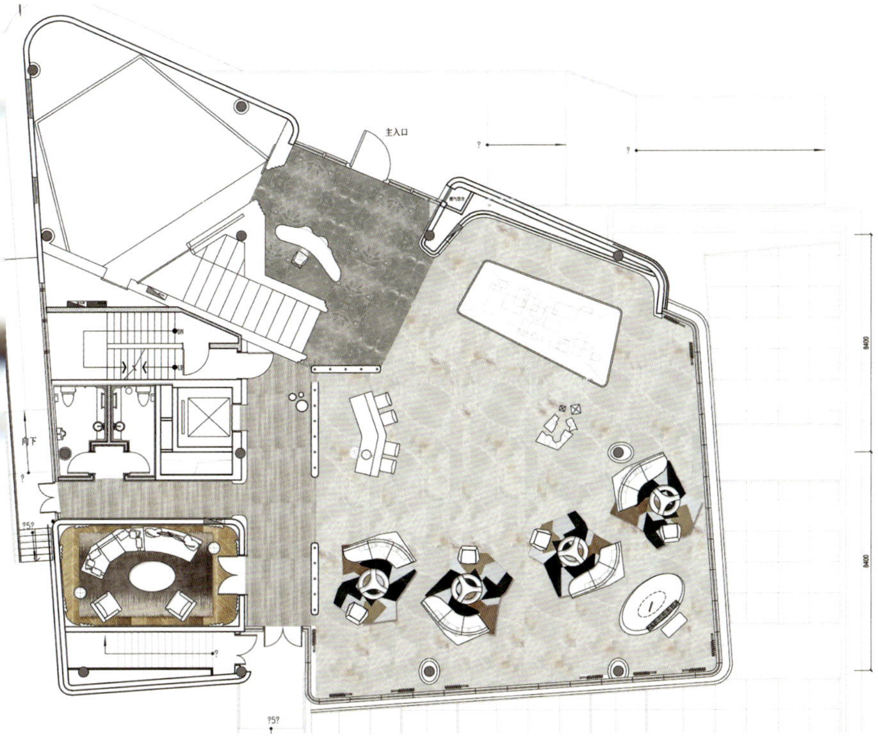

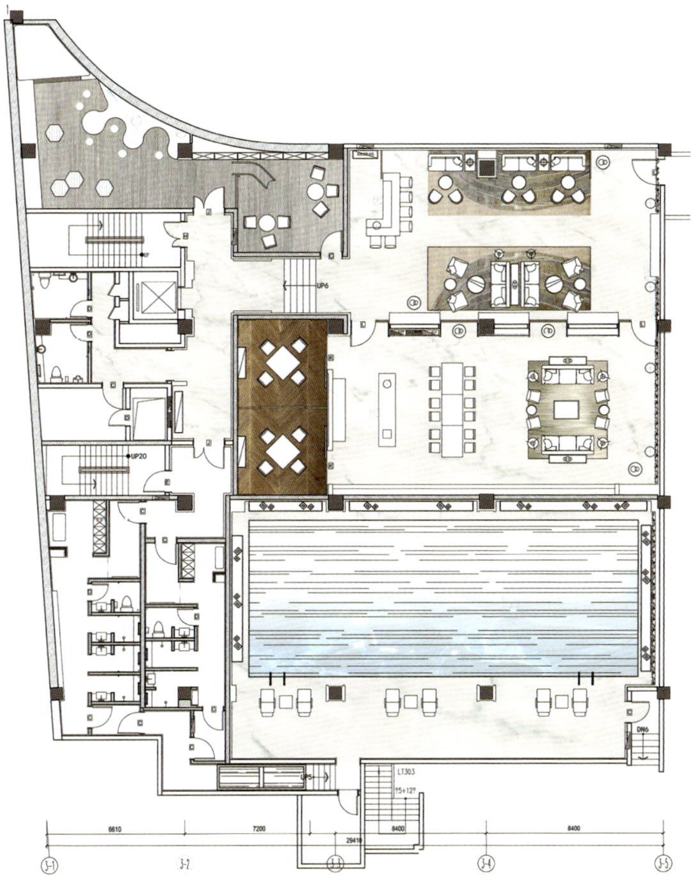

湖州富力城售楼部
R & F City Sales Department, Huzhou

设计公司：广东卓艺设计顾问有限公司&广州市卓越装饰工程有限公司
设计团队：韦杰、冯韶敏、吴嘉敏、何少媚
摄 影 师：张静（三像摄）
项目地点：浙江湖州
项目面积：1 000 m²

湖州富力城位于湖州东部新城吴兴大道与戴山路交叉处，尽享城市未来中心繁华。60 万平方米精装都会综合体，以“150 平方米 3+1 城市花园别墅”“港派 world 精装华宅”两大产品序列，结合双水岸景观天赋、超 10 万平方米社区商业配套，创造出湖州前所未有的国际都会生活。湖州富力城作为湖州高端生活品质的代表楼盘，在接待中心的设计上，并没有求大求全，反而以宋式的精工美学，带给人品质优越，格调高雅之感。

中国文化之盛，唐宋并称。要论古代美学，宋代达到高峰，形态单纯，色彩素雅，常见形态为圆、方，色调素雅、纯净。宋朝人用墨画画、烧单色釉瓷器。宋式之美拿到现代，一样能让全球称誉，并且历久弥新。现代设计广为推崇极简、少就是多，我国的宋代就是极简的典范。

富力城售楼部的空间窄长，由中心主空间与两头副空间通过走廊

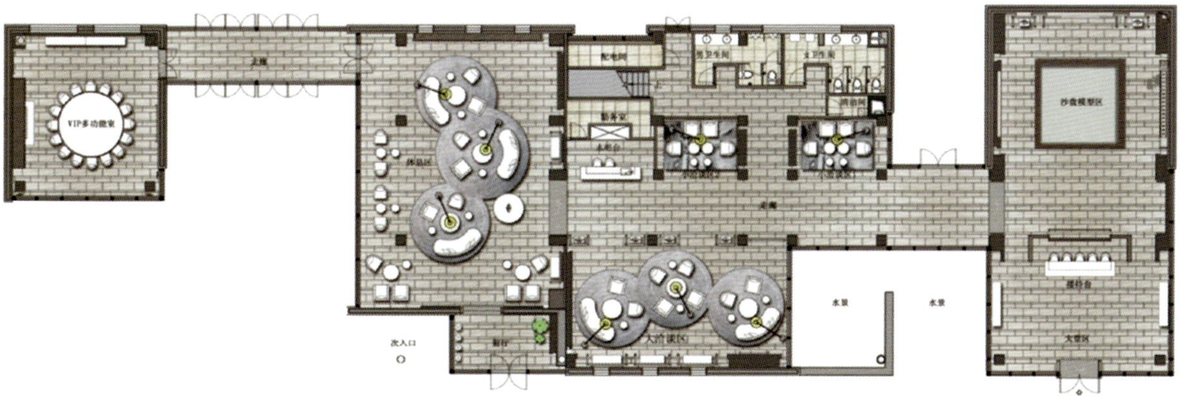
次入口
水景
水景
沙盘模型区

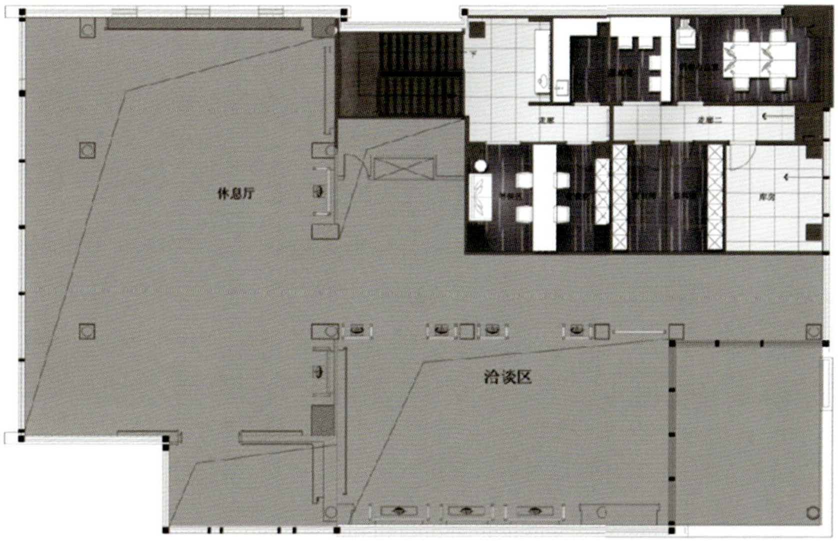
休息厅
洽谈区

FASHION INSPIRATIONS

联接而成，空间的观景面丰富，而步行动线却显得过长，设计师将空间进行巧妙划分，令每个功能区各得其所，以错落的布局，极简优雅的设计，使得空间灵动而开阔，强化走廊的景观优势，化解了步行动线过长带给人的焦躁感，变不利因素为个性特色。

东面副空间规划为接待台与沙盘模型区，客人对项目有了整体印象后，将通过水景长廊到达主空间。客人将在这里对项目户型、产品优势、服务特色、项目价格、付款方式进行深入了解与洽谈。该空间划分为洽谈区与休息厅两部分，其中洽谈区又分主洽谈区与两个小洽谈区。主洽谈区与休息厅皆是开放式布局，在两层高的高阔空间里，视野得到了最大限度的舒展。各个洽谈区以黑色铁栅栏进行分隔，隔而不断，若隐若联。整体空间没有夸张的色彩，淡雅沉稳的搭配更显韵味绵长；没有夸张的造型，却有极简的线条，在家具、灯具上呼应；水的意韵在地毯与墙身的摄影画作上无声流淌。休息厅的氛围更显轻松，圈形的照明灯如同一个个水的波纹，与地面的圆形地毯无声相和；弧形的沙发让人倍感轻松，落地窗外开阔的绿意浸染出休闲氛围。如果还有特别需求或重要接待任务，还可以通过长廊到另一头的 VIP 多功能室进一步交流。沿参观动线所有的设计，不夸张不炫耀，只在不动声色间让人回味，春风化雨式地渗透心间。

高明的设计，不在于空间里堆砌了多少装饰，而在于看似“无”的空间里达到“有”的满足。空间空间，不空如何留有余地，无间怎样各得其所。该有的功能一个不缺，所需的装饰精简凝练，比例恰到好处，让气韵在其间无声流动。

好空间，高格调，简设计。

北京天竺万科中心售楼部
Tianzhu Vanke Center Sales Center, Beijing

设计公司：津岛设计事务所
设计团队：津岛晓生、李洛言、谭颖怡
项目面积：2 130 m²
摄　　影：西川公朗

津岛设计事务所在北京完成了一个宜居的办公销售中心项目。

该项目位于北京国际机场，近邻北京 3 号航站楼的门口，它处在能满足 24 小时办公需求的合适位置。虽然位于郊区，但由于网络的存在，使得在郊区工作也成为一个趋势。北京是一个迅速扩大的城市，新的道路和地铁网络都让郊区出行便利。这里有机会成为一个副中心区的枢纽，商务人士可以轻松到达后再飞往各地。

实现未来规划需要一个聚集点和美好的环境。本案营销中心的一楼将开放为公共领域的一部分，配备小型零售和户外广场。它提供一个空间，让营销中心的用户及未来在周边办公的人可以享受。虽然公司现在已经可以通过网络实现远程办公，但是合适的办公空间可以保

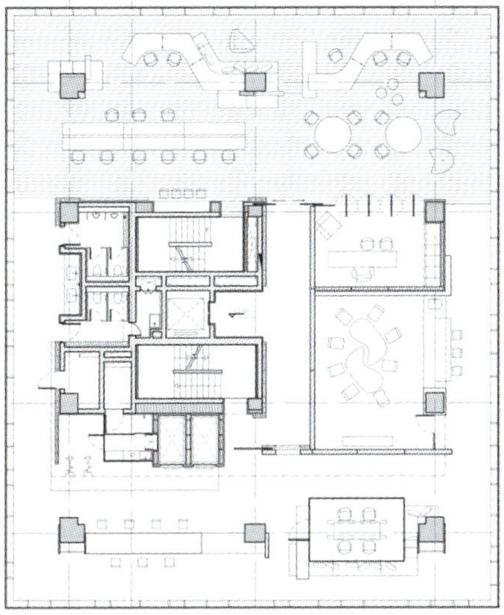

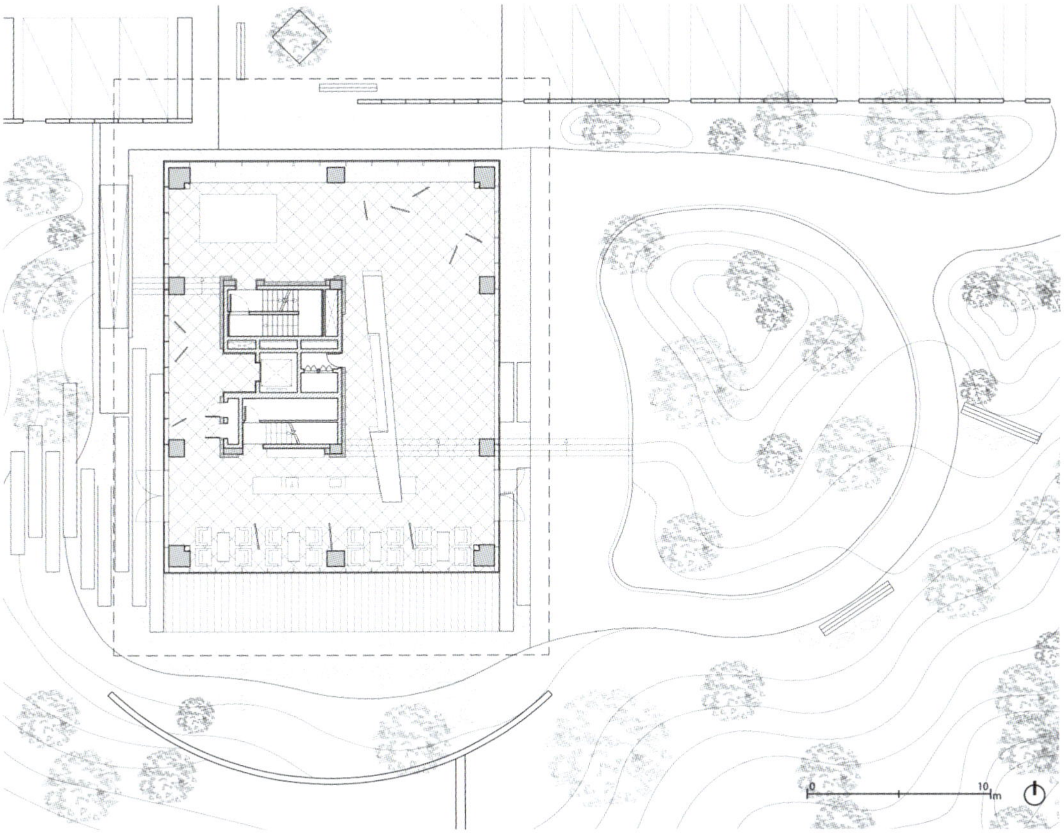

持现场的活力，避免低效，并促进创造力的提升。

项目在设计概念上打破传统的办工模式，营造宜居办公并有以下五个特点：宜居，互联的，对外开放的，活泼的与自然环境配合的。以上的特点可以透过建筑、景观跟室内设计的互动表现出来。为了营造适合 21 世纪的办公环境，本项目采用了充分自由及透明度高的空间设计。建筑师使用精心设计的玻璃幕墙作为室外跟室内唯一似有还无的透明分隔，象征了鼓励我们的生活要对外开放，让我们的工作环境排除沉闷跟封闭的空间，蜕变成自在、活泼的空间。

整个项目主要使用石头、木材等自然材料。底层是一个透明的玻璃盒子，任它无论在视觉上或实际上都跟周围的庭园连贯在一起。庭园不单为办公提供了优美的环境，并且阻隔北京机场免税区嘈杂的声音，成为一道屏风，让里面的人得到平静的心境，像混凝土森林中的绿洲一样，又通过宽敞的落地玻璃窗大量吸收自然阳光。室内设计方面，办公室使用开放式的排列，有多个不同功能分区。分区除了工作以外，也有大厅、餐厅、聚会、淋浴、睡觉休息等各种空间，让人们有家的感觉。这样设计的目的是为了让人们可以自由地寻找适合自己工作和休息的空间，从而发挥最大的创造力。

天竺万科中心
TIANZHU VANKE CENTER

天竺万科中心
TIANZHU VANKE CENTER

1 2

2
4 办公区 OFFICE AREA
3 办公区 OFFICE AREA
2 5L展厅 5L EXHIBITION
1 接待中心 SALES OFFICES
LANDSCAPE
LIVABLE
LINKED
BEIJING VANKE 5L OFFICE
LIBERAL
LIVELY

L3
LIVABLE宜居

南宁华润二十四城销售中心
Huarun 24 City Sales Center, Nanning

设计公司：朗联设计
设 计 师：秦岳明
参与设计：王建彬、肖丹、何静
项目面积：674 m²
主要材料：木饰面、皮革、水晶吊灯、石材

碧波荡漾，清风徐来

本项目处于被盛誉为“绿都”“水城”的历史名城南宁市五象新区的核心位置，针对精英业主圈层而建，向国际化生活迈进。因此，自然、时尚、贵气成了本案的设计代名词。

在空间整体和细节处的设计上，以高质量的水准还原当地自然人文，来凸显客户群对生活的追求，提取“树”“水”为关键词加以诠释。于是，在屋顶天花、墙面处运用了大量暖色木条，“树”以直立成排的木条为表现载体，恰如层层树林带来无限自然气息；“水”则以流线型的木条配合灯光的变化来演绎，碧波如成匹的软缎舒展荡漾开来。而作为空间焦点的建筑沙盘区，正是安放于宛如画境的环境里，唤醒宾客对于物业本体之认同。

在软装配饰的选择上，首先，璀璨的巨型水晶吊灯让整个空间耀目生辉，贵气逼人。其次，以山、水、植物为主题的挂画、抱枕、插花，进一步渲染出空间的自然之韵。而在空间颜色的把握上，则以优雅大方的灰与卡其，贯穿整个空间，点缀宁静典雅的普鲁士蓝、精致典雅的红、通透明快的碧玺绿和尊贵丰饶的金，打造出国际化都市的时尚与典雅气质。

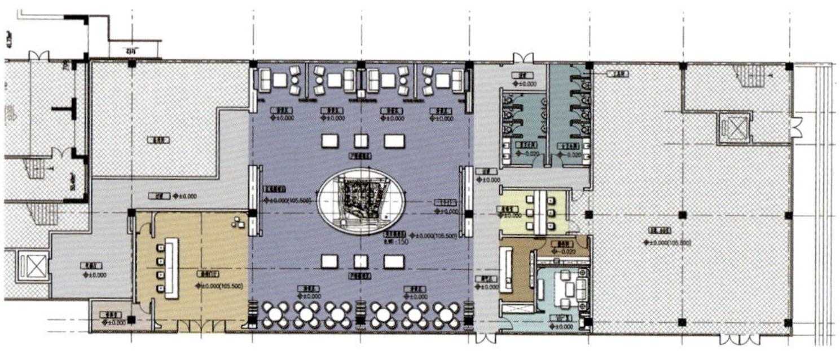

TWENTY-FOUR
二十四城
CITY

TWENTY-FOUR
二十四城
CITY

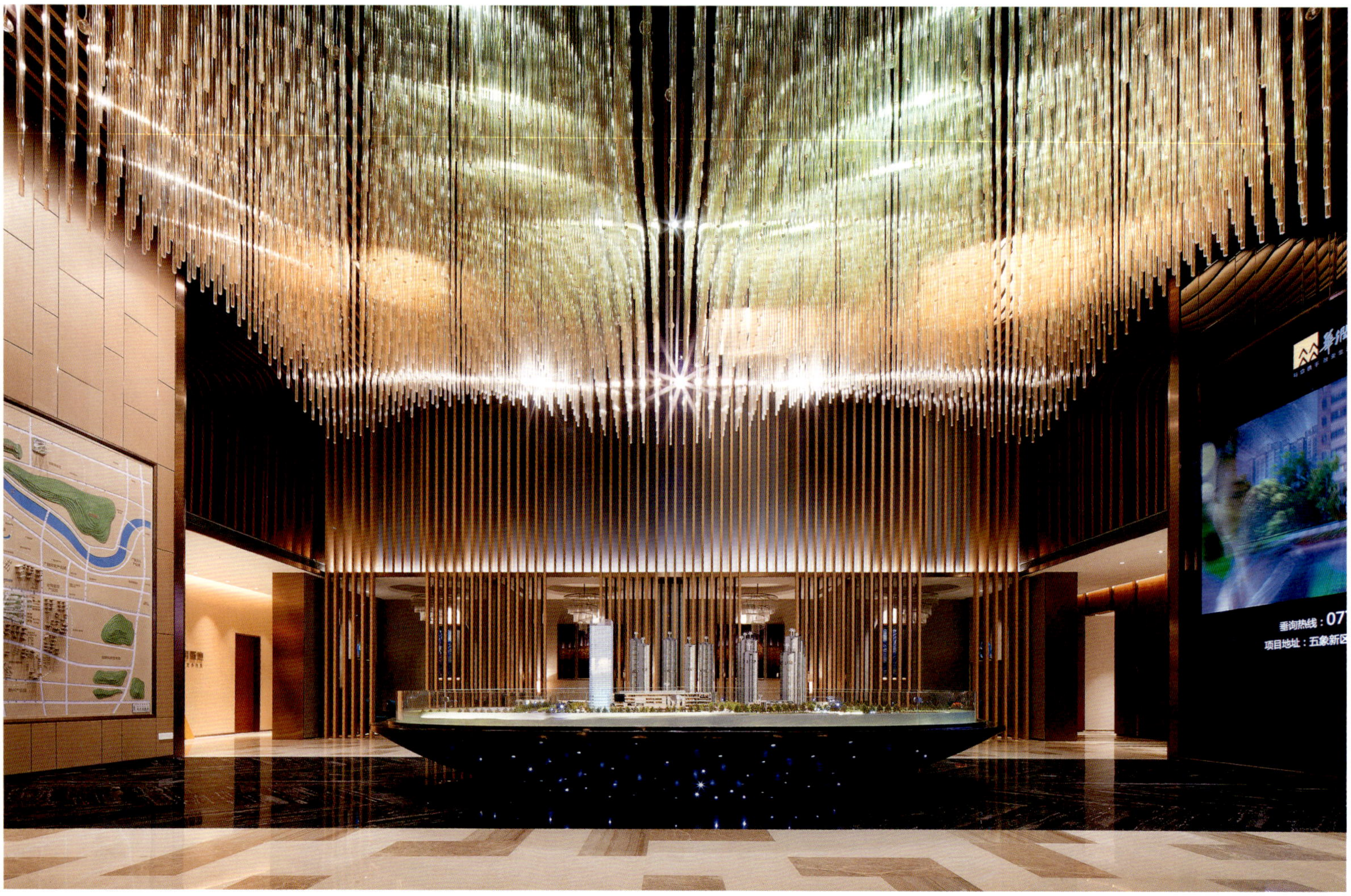

南宁龙光国际售楼中心
Logan International Sales Center, Nanning

设计公司：5+2设计（柏舍励创专属机构）
项目面积：1 000 m^2
主要材料： 大理石

南宁五象岭，因其山势雄峻，如五象饮江，故名“五象岭”，此地的“五象新区”也因此而得名。作为南宁未来的重点发展区域，吸引了全国各大知名开发商进驻，要想在众多竞争力量中脱颖而出，清晰、明确而独特的空间特征大大提高了竞争力。

南宁龙光国际销售中心位于五象新区，其新颖的构造，深刻的文化内涵，为新区注入了一股活力。建筑外观取山峰棱角，峻峭挺拔；内部设计则围绕“水”来构思，上善若水，泽润万物。外刚内柔，给业主耳目一新的舒适体验。

急行的节奏，至此都缓和。售楼大堂主幅与两侧的柱子由天然大理石砌成，保留了石材天然的纹理，并将纹理有序地拼接成波纹状，层层荡漾开来。整个大堂空间在璀璨的灯光下显得大气磅礴，就像水的胸怀，容万物，纳百川。

移步会客厅，波光粼粼的小河，静静地听一听，那是小河流水的潺潺。设计师在此处巧妙地利用吊灯塑造了一条小河的形象，走廊以

玫瑰金屏风相呼应，视线尽头便是酒柜，布局紧凑，从整体到细节，称得上无懈可击。一步一步，舒缓的节奏带来愉悦的心情享受，空间容纳了我们所有的情绪，在这一刻得到了最佳释放。

行至贵宾室，更是被设计师的构思所折服，圆润的线条，从天花板到地面，让业主在体验现代奢华享受的同时怀着惬意的心情，而沉稳的色彩也正符合了成功雅士的气质。设计师希望让业主步入这个空间的时候能有所感触，境随心转，情随境迁，感受到别致典雅奢华的居住氛围。

整个建筑以中心二层建筑量体为主，并利用错离及融合的方式将二层的样板间空间做出延伸，丰富了其中流动的自然元素。不仅如此，整个空间里，人的动线，功能的布局，视线的角度，身体碰触的感触，都在光影间完整的体现出来，那是一种借由空间所散发出的现代奢华气息，是灯光与线条的曼妙演绎。

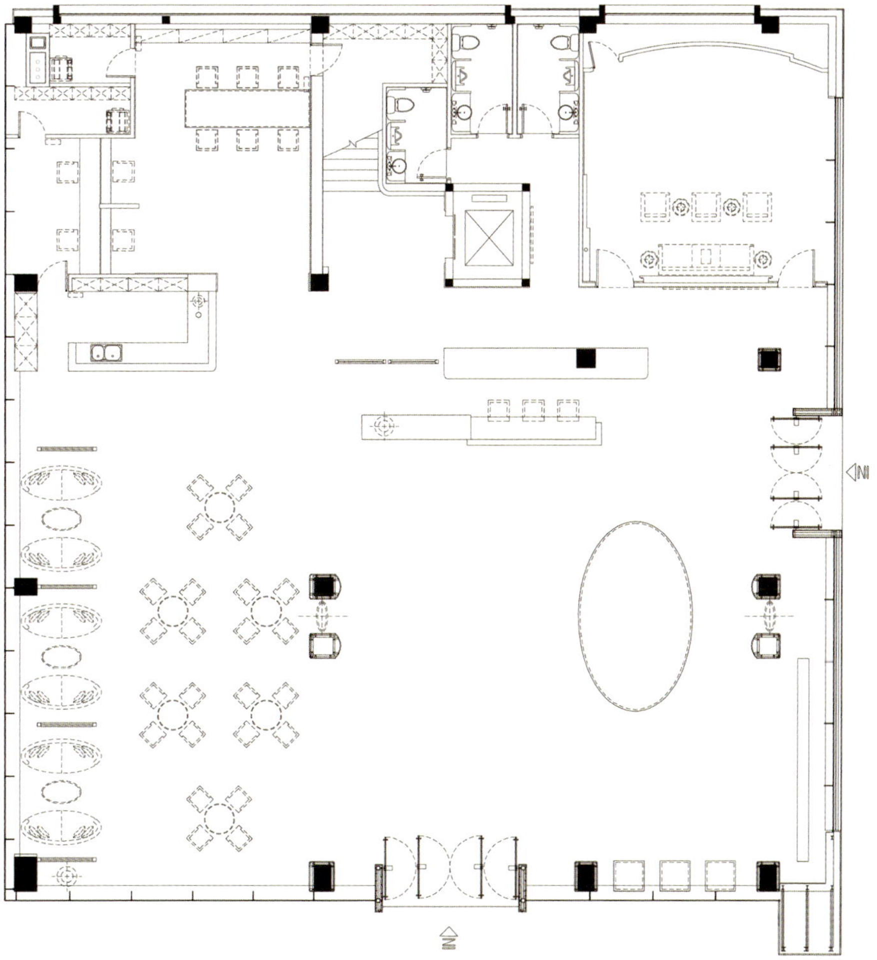

贵阳综合保税区项目售楼处
Comprehensive Free Trade Zone Project Sales Center, Guiyang

设计公司：MRT穆哈地
设 计 师：颜呈勋

本案地处贵阳，其地多山，在空间形态的构思上，我们融合当地山势起伏的特征，并运用于售楼处墙面造型的处理上，曲折多变，平面布局上开合有度，收放合宜，符合现代人简约时尚的审美情趣。

空间布局上，采用先抑后扬的设计手法，由入口接待而入模型洽谈区，通过入口区域两侧造型墙体的收缩处理，进入模型洽谈区，空间由收到放，柳暗花明，给人独特的视觉体验。

在材料选择上，墙面大面积浅色石粉，配搭天花玫瑰金蚀刻艺术钛金板，木地板饰面回廊串联起一二层，地面仿大理石瓷砖亦为空间增色不少。结合空间形态，整个售楼空间色调简洁而富有变化。

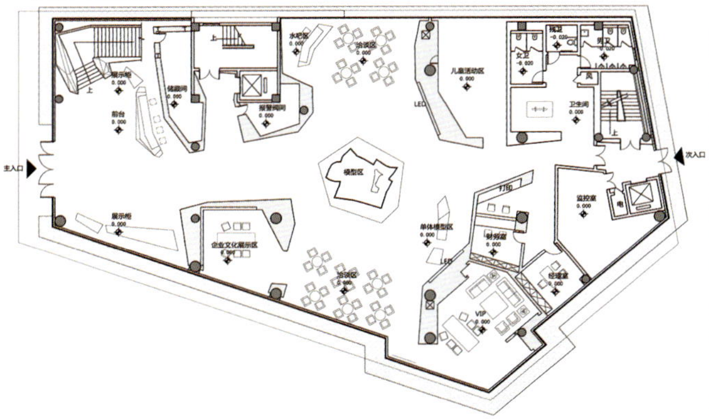

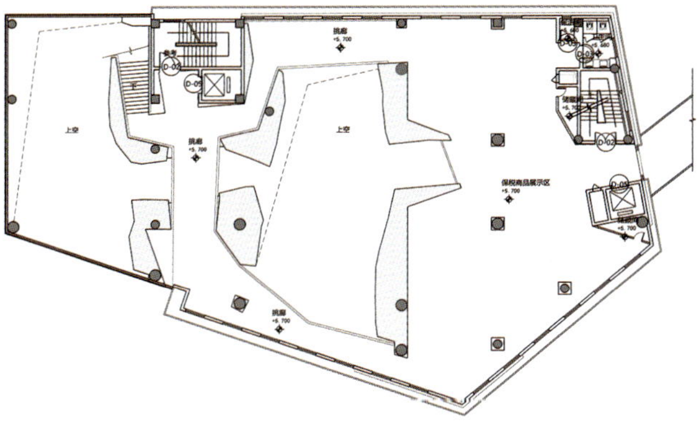

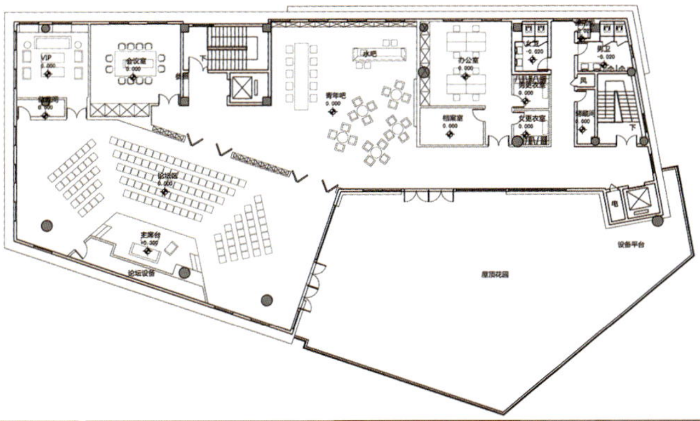

郑州建业·凯旋广场售楼部
Jianye Triumph Plaza Sales Center, Zhengzhou

设计公司：集艾室内设计(上海)有限公司
设 计 师：黄全
摄 影 师：张静（三像摄）

星辰舞动，流丽灵动。

作为建业集团最高端的综合体项目，率先推出的销售中心轻体量、重概念，打破传统售楼处的资源浪费，轻饰互动，简洁灵动！

一层的接待展示区，以灵动之光整体贯彻，形成简而有效的体验动线。

步入接待区，星辰之线舞动而起，对称向心，为原本直线而入的空间增加无形的层次，引人深入。

模型区内，项目沙盘仿佛被星辰包围，旋转，舞动，以恒星之势日新月异。

二层空间，以洽谈区与联合办公展示功能整合。设计师提取智慧办公与灵动办公的核心优势。整个项目设计简洁素雅，以线条划分空间，以光带引导，给人以理性睿智之感，提供了不同的空间组合增值方案，为将来的业主模拟出了无限的可能！

未来的双子高层办公与沿街花园商业，集艾也将用心营造，打造建业之星！

CENTURY
CENTURY

CENTURY

CENTURY
MEMOIRS OF A GEEZER
ARCHITECTURE IN THE TWENTIETH CENTURY

The Grand Pinklao 俱乐部
The Grand Pinklao

建筑公司：OFFICE AT有限公司
建 筑 师：Surachai Akekapobyotin、Juthathip Techachumreon
参与设计：Pinyo Tanadirek、Noppon Jeidipang
室内设计：OFFICE AT有限公司
摄 影 师：W-workspace
开 发 商：曼谷土地公共有限公司
项目面积：1 000 ㎡
主要材料：透明玻璃、石材、木材

泰国曼谷一流的房地产公司在曼谷郊区开辟了新的顶级住宅区。前期他们先修建了一个位于高地上，吸引过路人们的注意力，并能俯瞰西面景观的销售办公建筑，这座销售建筑还有健身区和游泳池。

建筑位于高出地面 2 米的坡地上，总高度被控制在 12 米以内，是主路上引人注意的标志物。作为销售建筑，造型通常非同凡响，具有相当大的气场，这个销售处也不例外。建筑可以看成两个大石头支撑起的漂浮 L 形建筑。L 造型一面面朝公路吸引路人，建筑师在这里布置了销售办公区；另外一面则坐南朝北，建筑师在这里安排了游泳池等功能。南北朝向的建筑非常适合东南亚的气候。西侧巨大的挑檐能够防止过多阳光进入建筑。

建筑的停车场和人行道都安排在下部景观中。结构上，建筑采用后拉伸结构实现悬挑最大达到 7.5 米的造型效果。宏观看，建筑可以理解成“位于两块石头上的玻璃建筑”。因为建筑二层外墙是透明的，人们可以看到室内情景甚至能看到建筑对面。而建筑中需要隐私的空间，比如卫生间与会议室都被放在建筑下方的不透明的石头造型体量中。这些造型是如此像天然石材，所以看上去就像两块石头顶了一个玻璃盒子。

从剖面图中可以看到建筑一共使用到了三种类型的结构。梁柱式结构用于支持地面底板和游泳池。二楼因为要实现大距离悬挑而采用了后拉伸结构。二楼的维护结构和屋顶支撑结构由钢结构实现。

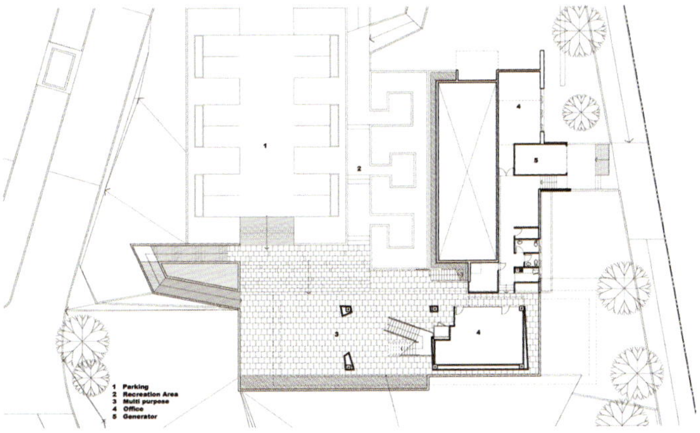
1 Parking
2 Recreation Area
3 Multi purpose
4 Office
5 Generator

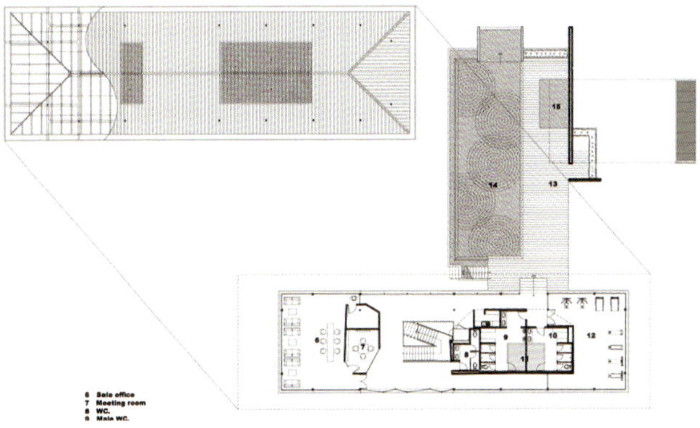
6 Sale office
7 Meeting room
8 WC.
9 Male WC.

GRAND

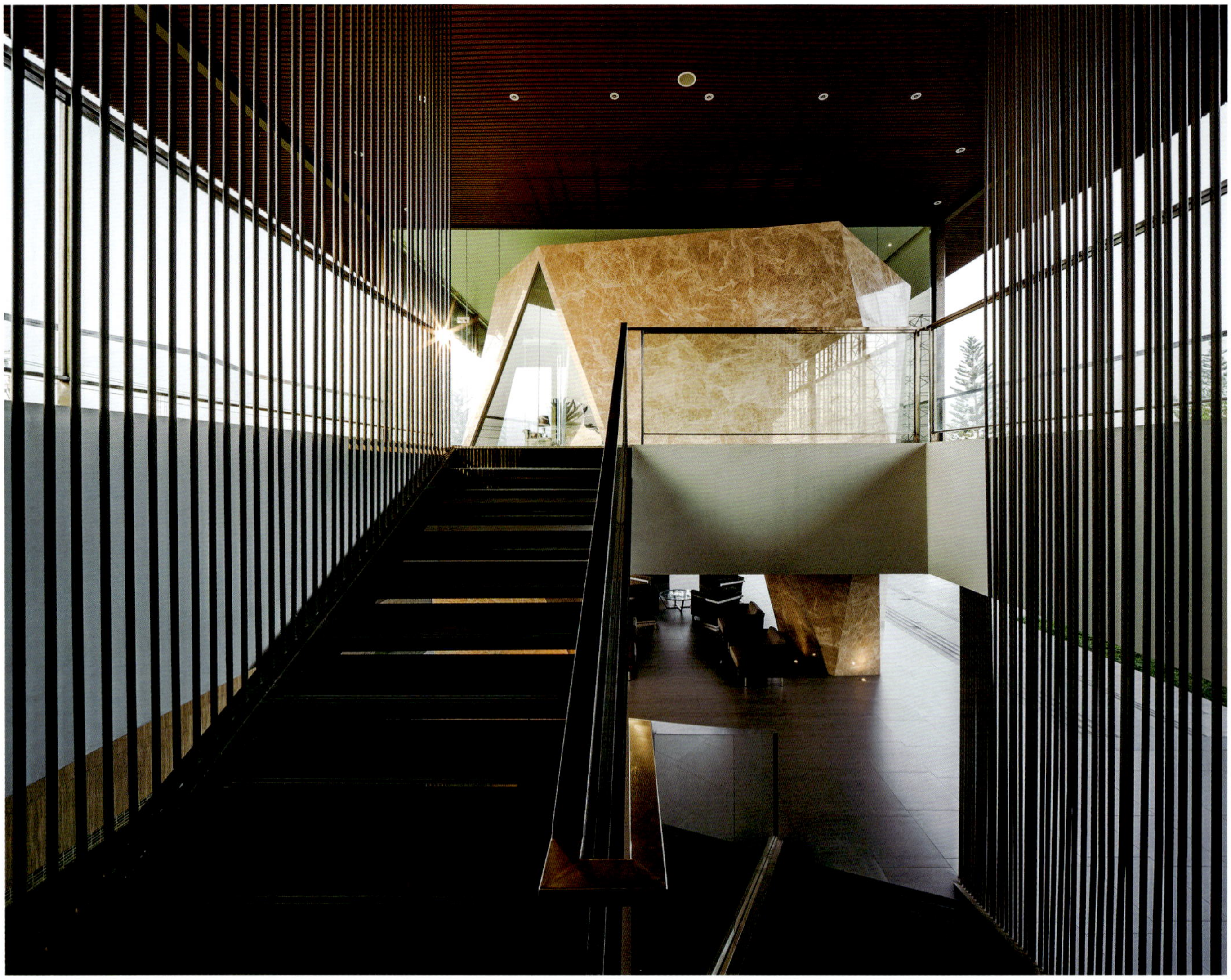

艺光年接待会馆
Art Light Year Reception Hall

客　　户：君漾建设
设计公司：元泽设计有限公司
设 计 师：张祐铨
主要材料：金属、木作、玻璃、石材

“浪涛中的坚石”以黑灰白为基调作为外观的整体设定，用深灰色的玻璃色块将建筑量体一分为二，左侧大面积的灰色玻璃象征大面巨石开窗，右侧则是四个小礁石印象，两石中间自然形成入口的形象，屋顶造型设计引用 15 米的大浪冲击沿岸的一瞬间，捕捉这澎湃坚忍的一刻，白色的浪花由 4 米的高度向下呈现一定的弧度，以人眼视觉的角度，就像是从分开的海中穿梭进入的空间，利用 3D 的技术拉出雕塑品般的建筑。

“美术馆的雕塑艺术之旅”，解构自然浪涛冲击的瞬间，将这感动置入艺术的熏陶是最适合不过的了，空间以机能为辅，将艺术价值放到首位，进入空间映入眼帘的是一个双手传承雕塑，透过挑高的天花成为视觉端景的主角，红色线条增添迎宾空间静谧神圣的气质，稍稍压低尺度，映入眼帘的是延伸到另一个内景的迎宾柜台，跳脱以往柜台短小的感觉，以 12 米拉长的视觉无限延伸空间，这个减法的转角空间，利用橡木色来着墨天花与墙面，利用灰色色块跳色为背墙，活泼的包附住后备支援的空间，更是成为有趣的空间造型墙，搭配白色色带的延伸柜台，暗示下一个空间的方向，让这个入口印象放大为雕塑品的层级，柜台延伸走道空间的左侧，为内景围塑的艺术展示空间，利用白色卵石界定，让户外明亮的光融合每一个展示雕塑，艺术展示区的另一侧，则是以四个礁石为意向的包厢洽谈区，与室外交界以灰色强化玻璃为素材，日间透进户外的绿景与日光，傍晚室内的光变成

户外的焦点，与艺术展示的帷幕手法更是以木作仿造金属，以轻巧的深灰色格栅做分隔，让包厢整体视觉穿透却更有层次，形塑出的狭长过道空间被这两个空间分化为零，对比室外的建筑造型浪涛汹涌，相较室内的沉静致远，让使用者更有张力地感受反差的空间旅程。

此案配置两个形式的样品屋，坐落在整体量体左侧巨石开窗的位子，即为入口进来的左侧，引进的入口像是进入巨石的裂缝中，利用15米的挑高造型容纳上下各一的样品展示屋。样品屋为现代人文的风格，浅色木地板搭配白色明亮的天花，电视墙面亦是利用手可触摸到的木皮纹路，利用触感纹路明显的壁纸增添触觉与光照的质感，营造温馨的室内效果。而与天花的界面特别做了超尺度的分割展示柜，分化天花的压迫感，放大客厅的高度，将书房的隔间放开为活动室隔墙，可依使用者的不同需求开放或关闭，开放时便拉大了客厅的视觉空间，更是拉近了家人间的互动距离。房间的设计更是人文中加入了精品旅馆的元素，衣柜变成主人的展示空间。镜面的材质拉大了房间的尺度，金属的框架轻巧地与玻璃构成展示与收纳的柜体，减轻传统木做衣柜的封闭感，更是在与地面的交界藏了间接的灯光效果，将空间的分界利用光影做分化而显得更大了。

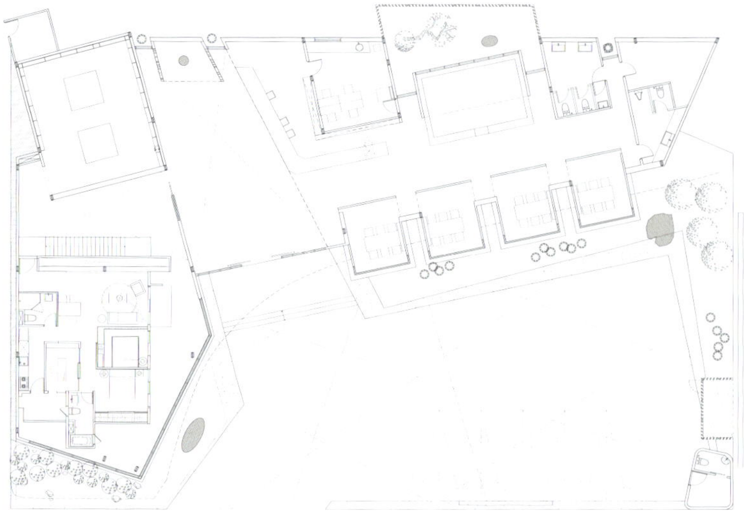

玄泰
藝光年
接待會館・歡迎蒞臨
雙學區
23・30・38

深圳宏发世纪城售楼处
Hongfa Century City Sales Center, Shenzhen

设计公司：李益中空间设计有限公司
硬装设计：李益中、范宜华、黄强
软装设计：熊灿、欧雪婷
项目面积：1 200 ㎡
主要材料：木纹石、皮革、铜色不锈钢、黑镜钢、木饰面

项目位于宝安石岩羊台山北麓，是宏发集团第一个大型综合体项目，对集团品牌的树立，以及后续石岩和周边项目的开发具有里程碑的意义。

项目原始建筑平面形态不规则，内部柱网结构较为混乱。在平面上，设计师运用弧形的平面布局方式，将原本复杂的平面结构理清楚。弧形的平面布局又能使整个售楼处内部的平面与其外部的弧形建筑外墙在形态上相融合。

设计师将项目定位在“尊贵、艺术、绿色”这几个关键词上，用 ART DECO 的设计手法来演绎弧形的室内空间。

运用石材、皮革、不锈钢等材质的穿插组合，来提升空间的品质感。在空间局部的刻画上，我们将与“绿色”主题有关的一些元素进行了艺术化处理（如接待区入口处的山形吊顶和树叶形态的吊灯），让空间简洁丰富而又富有趣味性。

Turnover between the center, city of the early century
中心更替之间　世纪大城初现

重庆三峡文化创意产业园销售中心

Sanxia Cultural and Creative Industrial Park Sales Center, Chongqing

设 计 师：庞一飞、邓书鸿、王翼
软装设计：程静
摄 影 师：曹坤念
项目面积：1 245 m^2
主要材料：雅仕白、土耳其灰石材、玫瑰金镜面、木饰面

万州——地处重庆东北部，长江上游中心城区，亦为三峡库区腹地核心。

其独特的地理枢纽地位，令其不同于重庆周边其他城区——城建广阔、人口众多，似乎她更像一座繁华城市。

本项目三峡文化创意产业园销售中心，位于万州江南新区，坐落于万州城区中轴线上，是万州行政中心、文化中心与新中央商务区所在地，其品质，与万州城区气质、项目定位一脉相承：

峡之腹心，城之未央，

她开放、包容，具有不容小觑之气场。

她温情、舒适，又极富时代新意，

这是，对生活姿态的包含、延续。

在设计中，以开阔的布局，极简的设计下笔，笔直线条挺拔不羁，令空间更显恢弘。以玻璃幕墙构筑空间通透，并给视觉更多的释放。材质上，灰白二色石材的运用，洗练空间整体质感。穿插其间的玫瑰金镜面，以缓和灰色主调的冷峻。

开敞的空间也需要起伏的造型予空间以动感与变化。本案打造木作阶梯休憩区，独具创意且散发温情质感。一米阳光温暖露台空间，点点绿植悠然其间。俱乐部似的轻松氛围，让人更愿意坐下来进行愉悦的沟通。

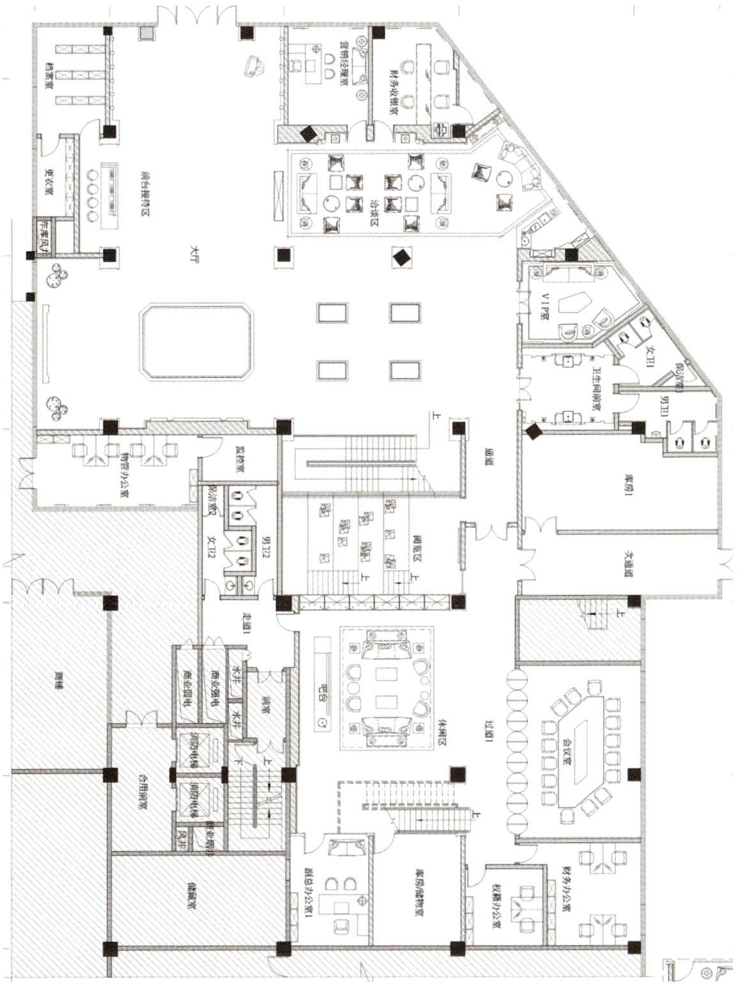

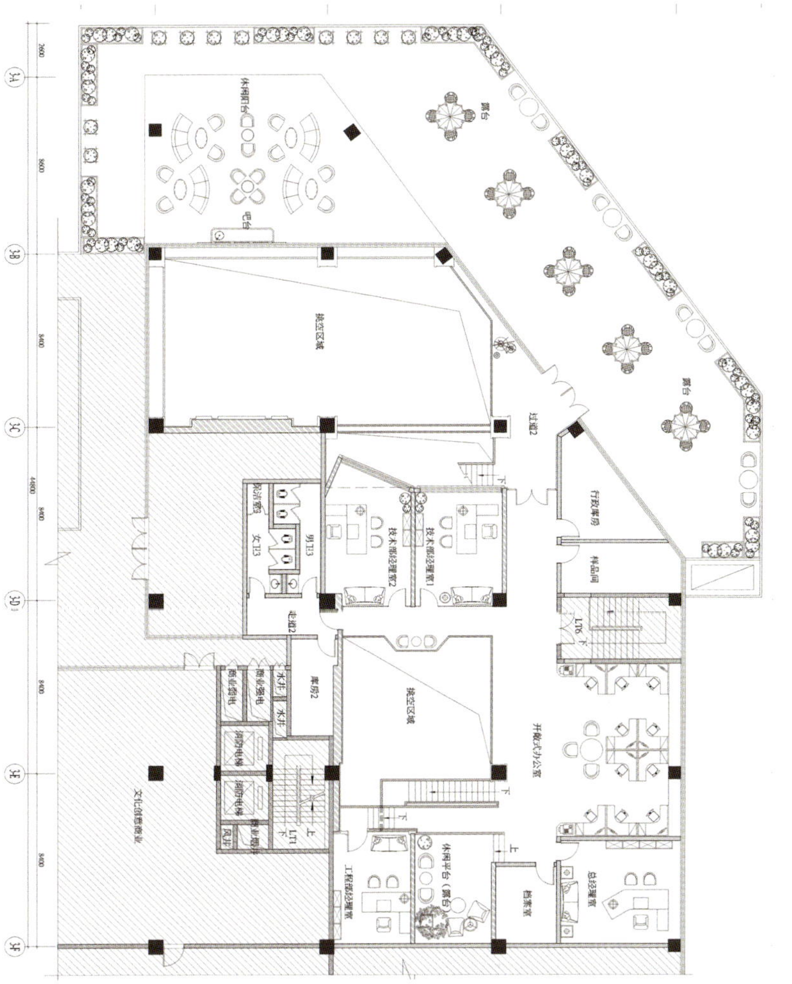

中泰天境销售中心
Zhongtai Sky Realm Sales Center

设计公司：广州共生形态设计集团
设计总监：彭征
设计团队：彭征、谢泽坤、吴嘉
项目地点：广东广州
项目面积：850 ㎡
主要材料：金属漆、铝复合板、瓷砖、地毯、古铜金发纹拉丝不锈钢

项目以建筑空间的逻辑性为线索，以“窗口”为设计的基本符号，通过不同尺度和朝向的“窗口”，在满足功能的前提下形成趣味性的室内立面，大厅的“窗口墙”如同岩石壁般的造型赋予了“峰境”的象征性，并通过透明的建筑表皮由内向外传达。

项目以一个纯净的超大体量橱窗效应来应对一个相对新兴的场域，由内而外的空间逻辑，造就了区域范围内的强烈个性和整体感，形成深刻的感官印象和城市新记忆点。

超大尺度的古铜色金属漆和铝板实现了空间感知的一体化，局部跳跃的亮黄色，使空间的穿越成为一场时尚和有趣的体验。

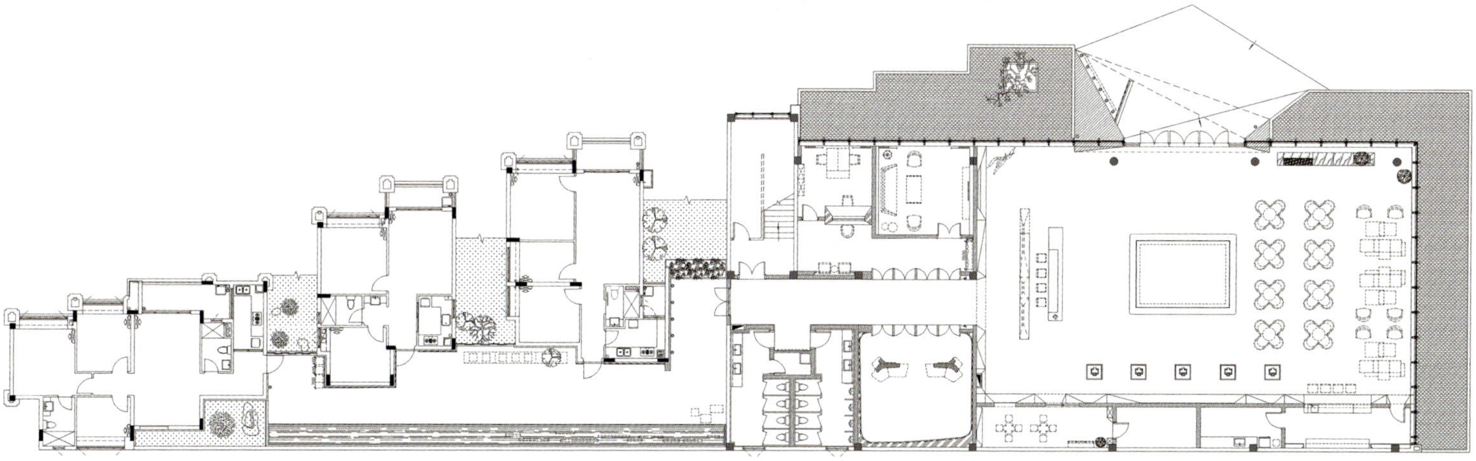

中泰天境

岭湖轩餐厅
南方中英文学校
学城
香雪小学

南宁荣和公园大道售楼部
Ronghe Park Avenue Sales Center, Nanning

设计公司：5+2设计（柏舍励创专属机构）
项目地点：广西南宁

“水城”南宁，以水相绕，以林围合，光影斑驳，闹市之静隅。

本案设计师以传统的东方文化根基，主题国画为设计概念，营造一个高雅华贵而舒适的空间氛围。空间布局对称统一，玫瑰金属修饰的硬朗线条，以及深浅大理石形成的色块划分对比，错落有致，沉稳而不失个性。

天花的处理，让整个接待区的空间质感提升不少，印花镜面玻璃反射出零星的灯光，熠熠生辉便是如此了。设计师所用色调毫不夸张，倒颇有些绅士风度，依然可以感受到自然的气息。本案充分体现了古典与时尚兼容、艺术与高雅完美结合，挖掘了人对于室内环境的身心需求。专业的设计手法，人性化的考量，带给业主高雅大气却不失自然的居住体验。

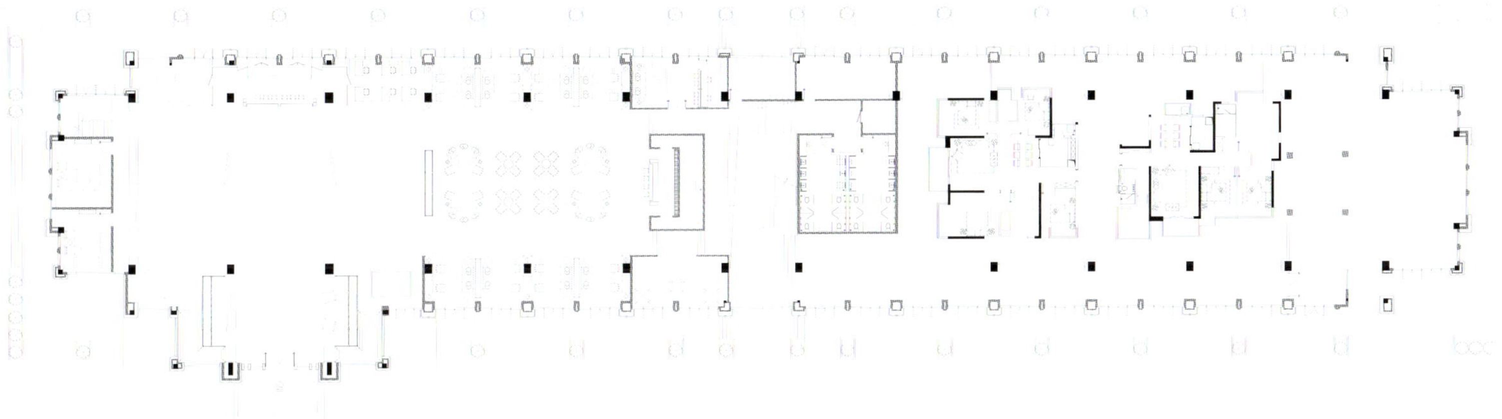

西安万科城市之光售楼处
Vanke City Lights Sales Center, Xi'an

设计公司：深圳市砚社室内装饰设计有限公司
设 计 师：姚海滨
参与设计：陈维玮、罗哲鼎、姚春雨、辜红
施工单位：深圳市鸿宝电装饰工程有限公司
项目面积：1 000 m²

万科·城市之光项目是万科在曲江二期 CBD 核心区域打造的全新优居社区，也是全国第二座城光系高端住宅项目。

设计师借鉴精致优雅的英式设计风格，充分展现项目当地的历史、文化、人文等独特风情。运用大理石石材、带有纹理的再生橡木木材、拉丝不锈钢、真皮软包及透光夹丝玻璃等组成丰富配搭，营造出时尚的室内氛围。真皮包裹着的迎宾台，新西兰进口羊毛定制而成的黑金图案背景墙，配合着柔和的灯光，加上现场音乐伴奏，以灵动的节奏触动每位宾客的心灵。

穿过售楼处的大门，头顶被漂浮的金灿灿的云朵所吸引，如清晨的阳光显得格外有气势。透过木作栅格窗，一簇簇鲜艳的花朵立刻映入宾客的眼帘，鲜花聚集在灯光下，犹如无数只蝴蝶，翩翩起舞，五彩缤纷，千姿百态，让每一位宾客驻足、停留。

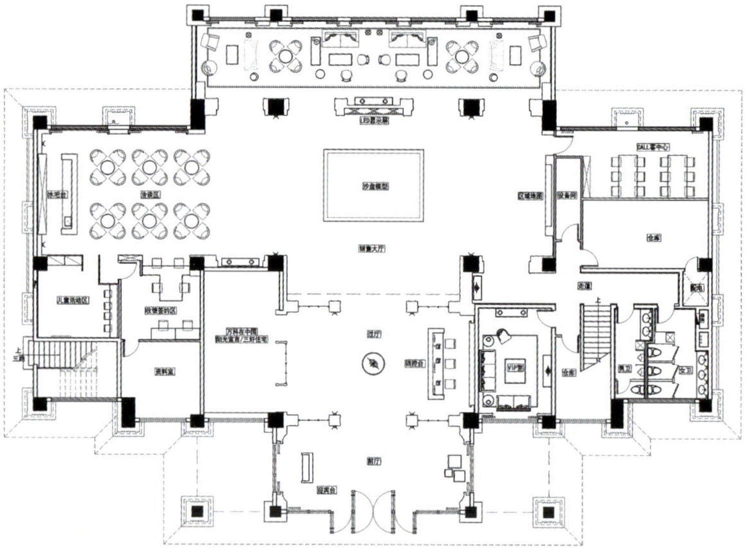

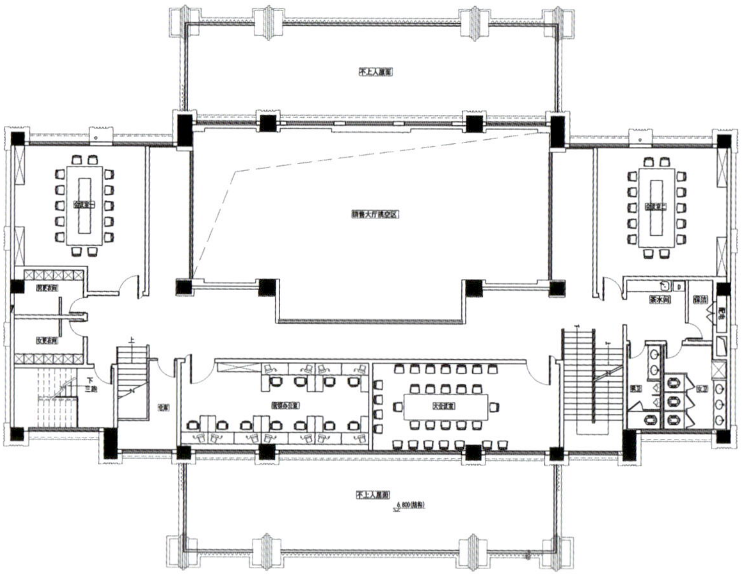

台北柬埔寨地产营销中心

Kampuchea Real Estate Sales Center, Taipei

设计公司：齐物设计
设计总监：甘泰来
参与设计：黄怀萱、武金凤
摄 影 师：卢震宇
项目面积：330 ㎡
主要材料：秋香木皮、白色钢琴烤漆、黑铁、灰色玻璃

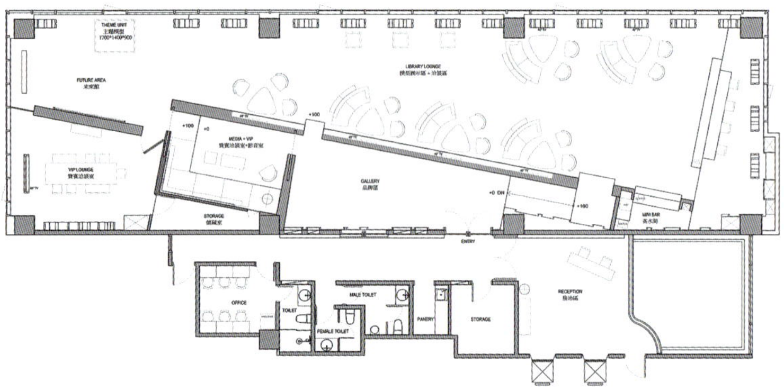

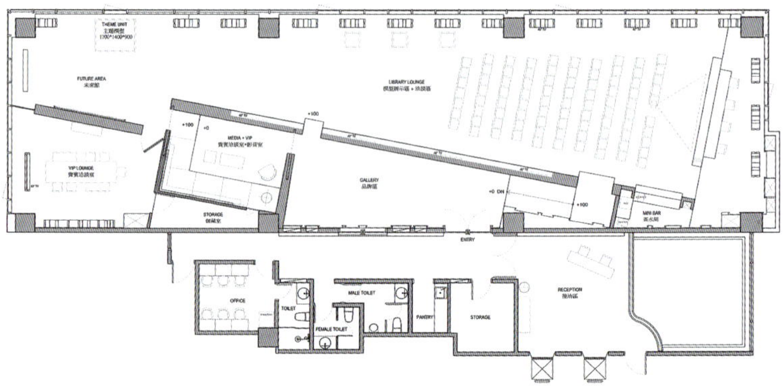

为了达成洽谈主区与门厅两个主要空间，彼此可以独立互不干扰地同时进行使用，且仍保有一顺势的参观动线之需求，我们在平面布局上，大胆置入一道斜向主题式墙面于长方形的空间基地中，将空间一分为二的同时，借由此主墙与基地 (site) 间的关系对话形塑出时而压缩，并逐渐展开的空间形状，顺势形成一顺时针方向的参观循环动线。

斜墙的一体二面，一侧作为入口品牌意象之展示墙面，相反的一面则成为主洽谈区座位组的电视墙面。而主洽谈区逐渐放大的空间形状，以吧台意象的销控台作为端景。进一步地，在基地外围的落地窗面，安排系列书架，一方面是销售楼书等的展示及收纳架，亦同时兼作室内与室外之间的半穿透屏风，进而完整营造出一个人文精神与商务洽谈之间自然融合的场域。

魅力金邊 Cambodia Phnom Penh
CITY TOUR

CITY TOUR

太仓协鑫·高尔夫鑫城售楼处
Xiexin Golf Xin City Sales Center, Taicang

设计公司：上海曼图室内设计有限公司
设 计 师：杜云、王鹏、张大伟、陈娟
摄 影 师：张静（三像摄）
项目面积：1楼 1 200 ㎡、2楼 800 ㎡
主要材料：法国米黄大理石、安哥拉棕大理石、塔利亚灰大理石、黑檀木、玫瑰金不锈钢、皮革、墙布

该项目位于洛阳东路与东亭路交汇处，与繁华一步之遥，短时直达太仓繁华生活圈，便捷对接上海半小时经济圈。进，可加入热闹的尘世；退，可回归心灵的田园。进退之间，精彩从容。

本案结合建筑风格，以经典、简约、雅致为主题贯穿整个空间。通过运用传统美学符号，结合现代设计手法和材料营造出规整、端庄、典雅的安定感。

精炼简洁的设计语言

以简洁的设计语言来表现空间的整体感，同时注意细节的设计和使用功能的合理性。模型区解构的墙板十分简洁，传统的欧式线条被重新定义。严谨统一的立面造型结合线条柔美的艺术琉璃花灯，让空间在理性与感性的碰撞中产生强烈的雅致形式感。门厅简洁的金属边框结合艺术玻璃创造出的屏风，利用不同空间光线的明暗对比，使售楼处线条变得流动起来，呈现出独一无二的璀璨质感。整个空间以简洁的表现形式来满足人们对空间环境那种感性的、本能的、理性的需求，使每一个步入其中的宾客都印象深刻，流连忘返。

透而不漏的设计手法

通过可活动屏风的使用，巧妙地让门厅与大堂之间富有强烈的立体感和层次感。空间使用不只是遮蔽，更多的是包容和自由的伸展。在透明与透视之间，建立出亲密的平等对话。拉近环境与人的距离，给人明晰有序的感受。

深圳中粮 · 凤凰里销售中心
COFCO Phoenix Sales Center, Shenzhen

软装设计：深圳臻品设计
项目面积：1 200 ㎡

李太白曰“长风破浪会有时，直挂云帆济沧海”，是他放弃功名后的呐喊；陶潜曰“采菊东篱下，悠然见南山”，是他告别过去的我心依旧。他们都选择了“返璞归真”，做最真的自己，因而他们不曾迷失过，不曾在清醒与睡梦中放逐。

本案软装陈设围绕“森 · 活”的主题，通过不同的自然元素打造出充满禅意、自然的体验空间，让思绪穿梭于花、草、树、木之间，给身心一个自由休憩的港湾……

设计师把整体的极简空间退为背景，使陈设空间产生穿梭交错、光影叠加的变换效果，通过由书墙构成的层层叠叠的森林，给人丰富的空间体验和人文气质，仿佛一场惊喜的探幽之旅；看似随意的开口联通了各层空间，艺术走廊，咖啡书吧，给人带来一波又一波的惊喜和体验。

抽象的山水图案手绘，几分水墨淋漓，几分恍若梦幻，又有几分高雅恬静，细致婉约地继续演绎空间中的人文气息与东方神韵，展现出一派山间云卷云舒的意象。台前放置着白色蝴蝶兰、茶具，营造出柔和雅致的洽谈氛围，更让空间充满了禅意的空灵。

以花草树木天然材质搭配，在这里感受到的不仅是身体的舒适，更是精神的诗意栖居。家具、灯具、饰品、布艺……它们和着空间的韵律节奏、功能主题的转换，写意地表达出大自然泥土芬芳流露出的返璞归真的味道，自然、简朴。

CINDERELLA
KELLY HOPPEN STYLE
DP ARCHITECTS
LIVEX
NAPOLEON
The Watchers
COOK BOOK

杭州金地OOPCITY营销中心

Gemdale OOPCITY Sales Center, Hangzhou

设计公司：深圳市砚社室内装饰设计有限公司
设 计 师：姚海滨
参与设计：廖贤佳、辜红
项目面积：900 m²

魔方盒的诱惑

金地 OOPCITY 位于杭州三墩板块，西湖区、余杭区的交界处，紧邻主干道古墩路。总建筑面积约 16 万平方米，其中包括购物中心、商业街区及精装 LOFT 公寓。集时尚购物、休闲娱乐、生活体验、环球美食等于一体，将生活所需悉数纳入其中，为休闲生活构筑一个格调之城。

售楼处建筑外形像是一个魔方，加上大面积的落地窗设计，为魔方建筑增添一些审美情趣。

室内设计以简约为主，以打造成年轻人的聚集地为目标。设计师在入口的右边设计大型弧形楼梯，圆形接待台及挑空处的圆形大吊灯与方形的外形设计融为一体，给人一种活跃而时尚的视觉冲击力。整个空间的亮点是开放式的书架，书架渐渐抽离了它原本古板的模样，从一个被玻璃包围的柜子中解放出来，被设计进了弧形楼梯一侧的墙壁上、洽谈区休闲沙发后的墙面上。紧邻洽谈区的水吧区，为客人准备了各种不同口味的咖啡、饮料及水果……当阳光透过大面积的落地窗满满洒在身上，一切悠闲自在，令人轻松愉悦。

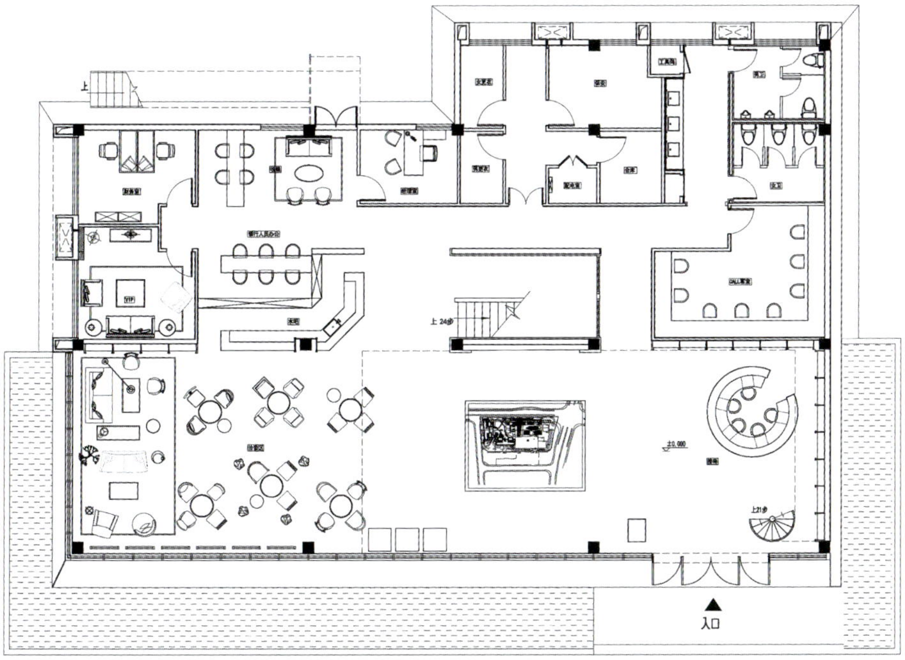
入口

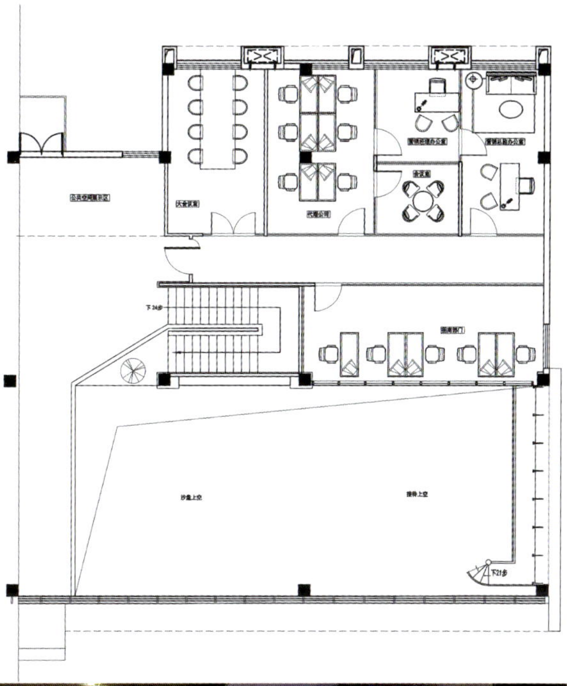

金地
oopc!ty

上海万科翡翠公园营销中心
Vanke Emerald Park Sales Center, Shanghai

设计公司：汉诺森设计机构
设 计 师：王文亮（汉诺森设计机构创始人兼创作总监）
项目地点：上海
主要材料：钢板、锯痕木

汉诺森设计机构受邀为上海万科完成一处别具意义的会所营销中心——“万科翡翠公园”。该项目以纽约切尔西区为规划理念，在上海浦东新区打造一座集高端住宅、精品商业、主题公园等于一体的都市综合体。项目所处的张江中区位于浦东世博会场馆和主题公园黄金轴线核心，区域内有迪斯尼、自贸区、陆家嘴国际金融中心、临港航运中心和前滩商务区等国际重要地标，旨在重现纽约城市印象，来诠释

某种意义上与之同构的上海。

汉诺森认为，符号、元素、风格等固有不变且毫无意义的存在，会干扰到项目的深度发展。因此，汉诺森以惯有的理性思考和质疑对所观察到的有关两座城市的信息进行理解和梳理。在以往的经验认知中，寻求上海和纽约真正的城市本质，进行一次开放式的传译，并将其转化成可视、有力量的物质空间。空间形式与材质运用上重现两座穿梭于历史与未来的城市精神与气质，以垂直交通部分作为项目价值体系中的内核。汉诺森要做的是意义上的深度挖掘，而非风格的简单复制。

项目内放置 7 × 10 米的踏步楼梯，其尺寸夸张，远超出空间合理比例，以此减弱它作为单纯交通功能的意义，呈现出不仅限于功能性的角色。不只是以如何连接一、二层为目的，更是以一种单纯直白的结构、形式，使其冲突而独立存在，提供一种强烈的工业时代特征，形成项目的独特印象。

在材质表现上，汉诺森运用厚重陈旧的黑色金属材料作为空间中的主要语言，非均匀照度的灯光为辅，以及富有年代感的山纹老木板，来喻示两座城市共通的工业背景。通过渗透文化，使简单的空间环境变得特殊而饱含深意。

PERKING EASTMAN
美国炮台公园城区规划设计的事务所

wifi 31087888
COLD BEVERAGE
BEER:
CELT 30-
PERON 130-
& WINE
CAPPUCCINO
SMOOTHIE
LATTE
Red
GLASS 35.-
bottle 195.-
AND
WHITE
glass 35-
bottle 195.-

3F

FREYA

B Oriental Legend

东方传奇

上海上坤旭辉墅售楼中心

Shangkun & Xuhui Villa Sales Center, Shanghai

设计公司：IADC涞澳设计
设 计 师：张成喆
项目面积：450 ㎡

画·韵

中国的传统水墨看似黑白，实则蕴含着无限的诗意。无论是写意还是工笔，画卷里描摹着文人士大夫所推崇的山涧鸟鸣、水天一色的意境。伏案展卷，即使是画面的留白也似乎有着弦外余音之妙处，赋予二维世界无限的遐想。

面对上坤旭辉墅的销售中心，设计师张成喆的眼前仿佛浮现出一个空间版的水墨画韵，他试图用空间营造的方式来立体化地呈现。整个空间依着挑空的前厅区域形成中轴对称布局，开阔有致，小中见大。空间装饰融合了东方古韵与当代设计，木、石、金属、丝绸等天然材质仿佛成了水墨的色调，挥洒出闲情野趣般的山、木、石、水、茶、花，一步一景。

进入大门，迎面正是两层挑空的开阔前厅，为了实现“远近高低各不同”的感觉，四周墙面饰以喷绘而成的山水图，顶面天花则使用毛面混凝土，光滑与粗粝，形成鲜明的对比。天花顶面垂落的气泡灯饰疏密相间，错落而有层次，犹如星云一般，与空间结合得相得益彰。越过前厅就到了洽谈区，中央一袭原木台板的长桌独具特色，既呈现

了对称式的平衡，又暗含不对称的审美。周围的立方柱子犹如铺开的画卷，四方而起的柱体由石材与木饰面精制而成，浑然天成。墙面之上，石材的原料特意做了错位的凹凸处理，让原本单调的墙面立即生动多彩起来。为了呼应门厅处的挑空，洽谈区尽头的水吧区也采用了两层挑空的构造，给予观者更多的想象空间。

通过家具与陈设铺置空间的延展，以及水墨主题的灯具，提点出设计师的意图。多样化的材质互为融合，但也彰显出自身的特质，比如石的厚重、木的质感、金属的触感。铜质的屏风，脱胎于竹篱的构造，采用双层横竖交错，在通透之余也展现出悠然的洒脱。这一屏风装饰更被分解、转化成立面、局部，不仅分隔了功能区域，还构建出层层递进的空间流线，与整体形成一种呼应，颇具趣味性。

最终，450 平方米的空间，以入口的挑空区域为核心，以梁体结构为构造，以水墨山水为背景，营造出悠远的诗情意境。

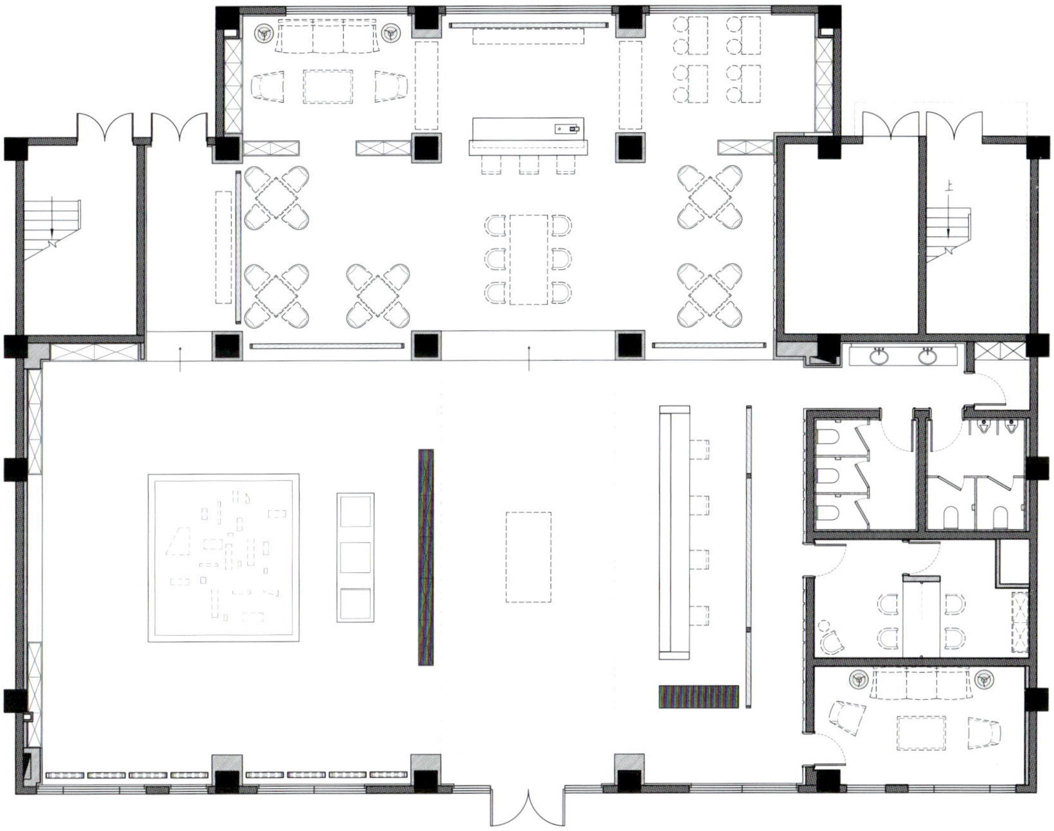

深圳中通半山半海售楼处

Zhongtong Mid Mountain Half Sea Sales Center, Shenzhen

设计公司：朗联设计
设 计 师：秦岳明
参与设计：陈宝骏、李慧慧、赵卫姣、段力军、肖丹
项目面积：1 768 m^2
主要材料：皮革、木饰面、石材、茶镜

随遇而安因树为屋，会心不远开门见山

本案位于梧桐半山之上，坐拥深圳唯一国际级森林公园，远眺大鹏湾，尊享稀缺山海资源，服务于对生活有极致追求的精英圈层，旨在营造一处蕴含文化品质、高品位的顶级尊崇场所。

白居易在《大巧若拙赋》中，以“随物成器，巧在其中”为韵，将器物的制造分为两步：审忖物象、匠意匹配。就物之直象循其自然，因物不改，借其自然巧工之意，带入器物制作的匠造之中，这也是中国文人循理而为之法。

我们也期望遵循此法，对本案的内部空间进行一场有所意欲的匠心改造。故而在设计之初，我们便对建筑及周边环境进行了细致分析，以期通过空间梳理来对具体空间功能进行度身定制，并着重凸显“于山海之间高品质的细节享受”这一生活态度。

以此为径，重新规划后的内部空间形成了错落而又开合有致的层次。入口门厅与二层主客厅的序厅间的相互交流，两层通高主客厅以大面积玻璃借入户外山景及远处海面，室内泳池与楼上休闲空间的互动，丰富的剖面关系带入了“水岸山居”的概念。

在平面处理上，我们以对景、虚实、疏密、藏露、繁简等手法串联各功能空间，一如山静水动、山阴水阳、山仁水智的阴阳调和的复合理念，呈现出一派舒适、休闲又兼具品质的山海生活景象。

山是精神，亦是境界。在立面上我们用写意画的笔触，辅以深色勾线、浅色带面，赋予

“山”的硬朗。同时，我们在装饰物料及艺术品中亦融入山水肌理和意念，以“水”之阴柔与其和谐相生。山水的抽象意念，对比中体现出对细节的推敲和尺度的精准把控，既和室外的风景遥相呼应，又为客人带来舒适而尊贵的体验。

我们通过循空间之自然、理功能之关系、糅传统之元素，最终呈现出一个立体、丰富而又蕴含中国传统文人士大夫气质的山水之所。

东河上的院子售楼中心
Yard on the East River Sales Center

设计公司：福建唐玛空间设计顾问有限公司
设 计 师：陈明晨
参与设计：陈涛
摄 影 师：周跃东

项目地点：内蒙古呼和浩特
项目面积：3 036.2 ㎡
主要材料：天然石材、黑钛不锈钢、镀膜玻璃、仿大理石砖、艺术涂料、手绘墙布、黑镜

东河上的院子售楼中心为多功能的综合体，兼具了售楼、展示、办公等全方位的功能。远远望去，中式传统建筑对称式的格局分布给人以宏大的仪式感。入口的外墙门面与建筑顶部均是透视的，内部照壁通过镂空的圆形处理，让内外两扇门之间形成穿透的视觉效果，环环相扣、互为呼应的进深设计搭配标志性的中式花格，让建筑空间更富有立体感。在沙盘上采用了大体量的艺术装置，明黄色的装置灯以门斗的柱子为结构，其庞大的体量给人以强烈的视觉震撼，与院子建筑不谋而合，极具东方禅意。空间内部延展开来的巨幅地面均采用深色瓷砖铺陈，光源辉映下瓷砖在一深一浅之间有着水波纹的形态，像山水又似水墨。自上而下的光影映射有着低调的奢华，整体氛围之下给人以安静、沉稳的空间印象。延续整体的新东方风格体现在客户接待区和包间的设计上，已不再是传统的而是现代的。开放性的接待区在偌大的空间内显得简约、大气，透过落地窗就能看到院落式的围合，内外精致相互联结。至于更具私密性的包间，恰如其分地将传统的中式情愫融合到现代生活。落落大方的空间气场，给人以大气之美。

東河上的院子

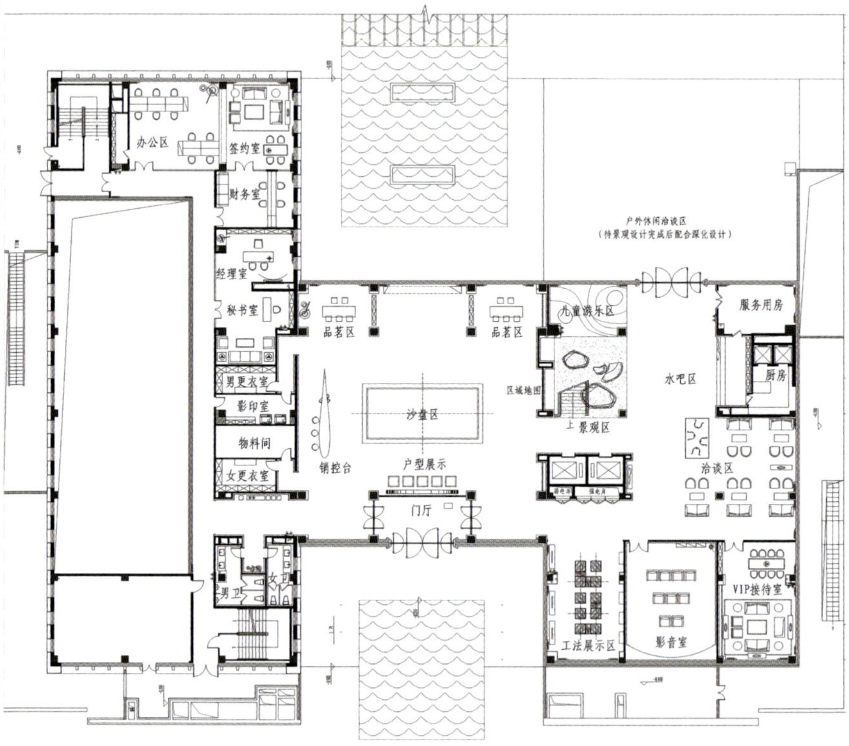
办公区
签约室
财务室
经理室
秘书室
男更衣室
影印室
物料间
女更衣室
男卫
女卫
品茗区
品茗区
沙盘区
销控台
户型展示
门厅
儿童游乐区
区域地图
上景观区
水吧区
服务用房
厨房
洽谈区
户外休闲洽谈区
（待景观设计完成后配合深化设计）
工法展示区
影音室
VIP接待室

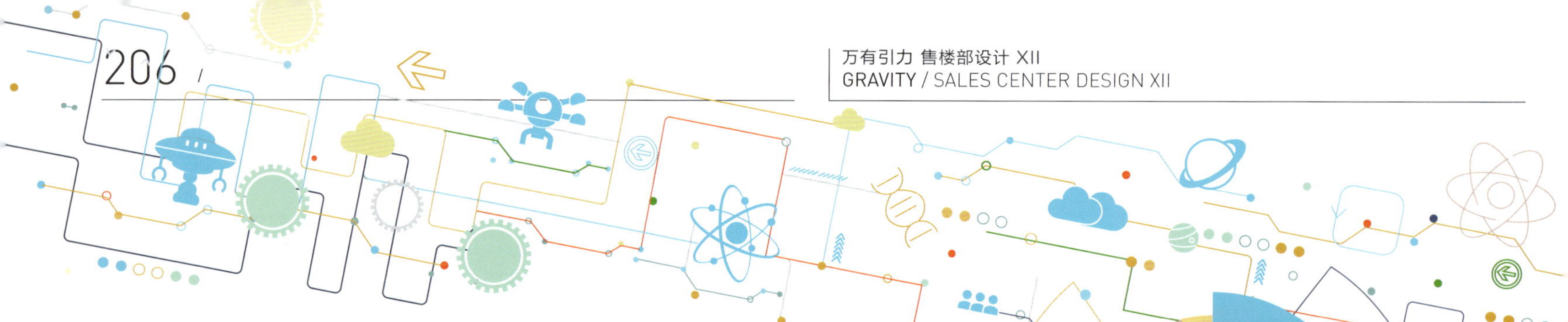

乌鲁木齐绿地城售楼处
Greenland City Sales Center, Urumqi

设计公司：集艾室内设计(上海)有限公司
设 计 师：黄全
摄 影 师：张静（三像摄）

喧嚣的环境，

让我们有了对诗意空间的向往。

在这里，品味一处远离嘈杂、纷扰的净土，

让我们的心态回归本真，在都市的桃花源中，

听雨落、观花开，悟出浅浅的禅意……

本售楼处坐落在新疆乌鲁木齐市高新区城北新区绿地城，以《桃花源记》为参观主线，通过园、艺、憩、乐、色打造出尊贵、儒雅、禅意、舒适的空间感受。将东方文化的精髓巧妙地融入于当代都会空间中，形成低调奢华和内敛雅致的现代触感。丰富的感官体验，让宾客沉浸于奢华宁静，找到专属于他们的休憩地。

设计序曲从门厅接待就已开始，“林尽水源，便得一山”，透过水景，进入门厅。近处桃花端景，远处屏风手绘山峦，营造“桃花源”般诗意的空间。“山有小口，仿佛若有光，初极狭，才通人。复行数十步，豁然开朗。”通过门厅“狭小”的入口，也是别有洞天，通过 8 米高双面书架挑空空间增强纵深感，气势磅礴，站在挑空区域感觉自己的渺小。同时，结合桃花扇装饰艺术品，书架内运用西域文化中特有的红色，使书架成为整个空间的视觉中心点。沙盘分割线条的设计手法，增加空间东方韵味，同样小模型台元素与沙盘相呼应，使设计手法得到统一。空间墙面的处理形式增加空间阵列感，顶面极具现代感的分割线条增强空间丰富度。色彩上，墙体的深色和天花、地面的亮色调使空间对比鲜明，装点着浓浓的东方审美空间。文化、内涵的饰品，在满足空间美感的同时，更加强调使用者的空间感受及舒适度。材质上，选用当地易于购买及施工的普通材料，木饰面的亲和力和金属材质的运用使整个空间价值感得到提升。纵观整个空间，没有使用任何中式的屏风和雕花，运用现代的设计手法将东方神韵完美诠释出来。

以上种种，完成了室内与建筑的完美交融，营造了一个充满禅意的宁静空间。

入口

空间布局形式上着重强调以人文本，注重客户空间体验感，整体空间采用中式对称、方正的处理手法，两边屏风图案取自《桃花源记》中“林尽水源，便得一山，山有小口，仿佛若有光”的空间意境，从意境中提取的抽象山水图案。端景台装点出浓浓的东方韵味，木饰面的亲和力和金属质感提升空间价值感受。

销控台 & 水吧台

“复行数十步，豁然开朗”取自《桃花源记》，强调从门厅步入主空间的意境感，挑空区组合中式书架的分割形式，使空间得到延伸。书架将沙盘区及洽谈区分割开来，形成了若隐若现一步一景的室内风景。销控台硬基调上运用米色石材与木质材质进行体块穿插，造型上运用传统中式与现代中式的结合，呈现出新东方风格的独特审美品位。

沙盘区

沙盘侧边分割线条的设计手法，增加空间东方韵味，同样小模型台元素与沙盘相呼应，使手法统一。顶面方正吊灯的形式强调大气与意境相结合的艺术性，同时给体验者一种被光华笼罩的温暖感，提升了整个空间的舒适度。在沙盘区附近设置的影音室及儿童活动区给客户带来了丰富的空间体验，可以在看沙盘的同时了解整个项目规划，或为儿童提供一个欢乐空间。

洽谈区及 VIP 室

在硬装统一的设计基础上，通过软饰品及家具的搭配来提升整个洽谈区的空间风格和基调，特别的装饰品以及带有中式元素的家具陈设，使空间显得气质浓厚，充满儒雅之风，木质家具、高光漆及沙发丝绒面料提升了空间的层次品质，使整个空间更显宁静而高贵。

其余空间

展示区的设置为客户提供了附加值，在了解户型的同时，通过技术展示及物业展示更加直接便利全面地了解整个项目情况。室内水景的引入，在消隐室内外界限的同时，着重增强一种人文情怀。财务间、后场办公、卫生间等功能设置完善了整个空间构架。

整个空间以“都市桃源”的设计主题，在摒弃传统售楼处设计的基础上，通过强调空间体验感、价值感、性价比及新中式元素的运用，打造出一处尊贵、儒雅、禅意、舒适的体验空间。

阳江保利共青湖中央公园销售中心

Poly Gongqing Lake Central Park Sales Center, Yangjiang

设计公司：李益中空间设计

设 计 师：李益中、范宜华、黄剑锋

软装设计：熊灿、欧雪婷、孙彬

施工图设计：叶增辉、陈松华、冉艳、王群波、胡鹏

项目面积：2 700 m²

主要材料：大理石、拉槽石材、钢化玻璃、厚钢化白玻、镜面不锈钢、钢板烤白漆、古铜拉丝不锈钢、深色木饰面、实木花格、墙布、木地板

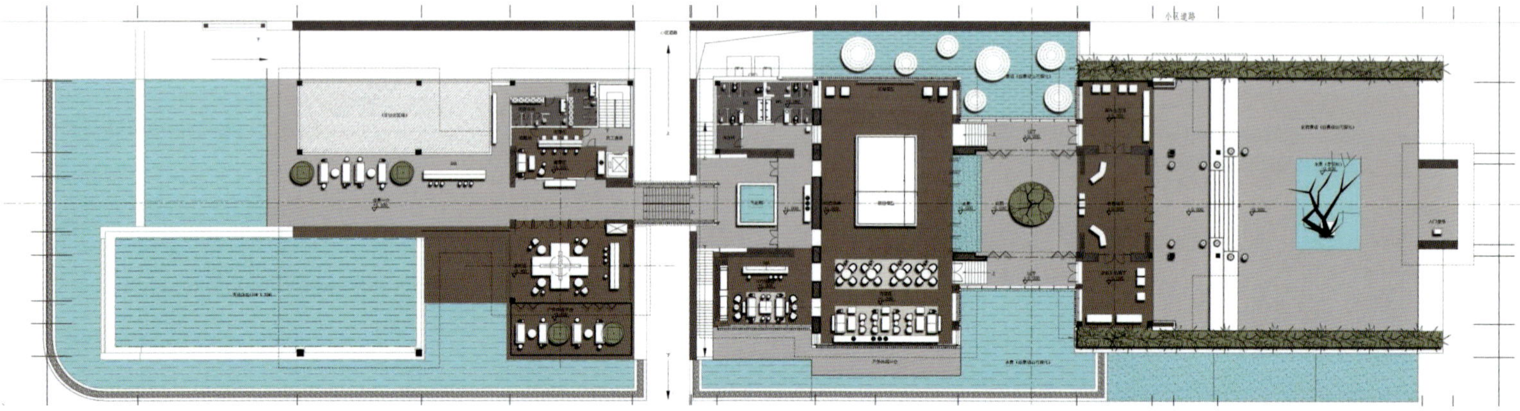

阳江保利共青湖项目用地位于阳江市北部，紧邻共青湖与长岐岭金山公园景区，自然景观资源极其丰富。该项目由保利公司牵头，上海联创建筑设计负责建筑设计，李益中空间设计负责室内设计，奥雅设计负责景观设计。

上海联创建筑设计与李益中空间设计从项目执行的一开始就达成一致，项目定位为一处“独居山水间、带有东方气韵”的销售会所。希望设计成一座类似于精品酒店的世外桃源。

这座销售中心位于第一层，地下一层为办公空间。在建筑设计的处理上，建筑师巧妙地垫高了销售中心，从而让人们从窗边能纵观共青湖，营造一种“东方、精致、通透、建筑本身具有的虚实关系”的楼盘印象。

设计师将中国最传统的三重院落文化贯穿于整个项目规划和设计的每一个环节，从而使院落风格渗透到每一个细节，打造一个具有纵线关系的空间，使人们真正体验到中国传统院落文化所带来的回归传统、超然脱俗的风格感受。一步一景，一院一情，以三重递进的布景格局，重拾院落里的温柔记忆。

围绕“灵动空间，东方气韵；温润木色，道法自然”的设计理念，设计师在材质的表达上更多选用啡金大理石、木饰面、实木花格和木地板，再结合灯光来增加空间的序列感，给人一种质朴与和谐的非凡体验。

深圳红树湾一号售楼处

Mangrove Bay No.1 Sales Center, Shenzhen

设 计 师：邱春瑞
摄 影 师：大斌室内摄影
项目地点：广东深圳
项目面积：1 000 m²
主要材料：灰色人造石、意大利木纹、黑钛金、木饰面、亚克力、钢化玻璃

本案位于深圳市福田区金地一路，地段繁华，环境适宜。现代人的生活情结在空间中得以展示出来，不同的空间带来的是不同的生活品质和生活氛围。人们希望借由空间这种外在的物质形态给生活带来看不见的、内在的精神。空间的精神如同月亮之于夜空。因有精神，而凸显出空间的美好情怀。

设计师在入口处以室外大面积的水景，企图化解周遭环境的繁杂，而使业主们在被抽离的境遇中感受到禅意和静谧的氛围，这种洗练而大气的造景，无疑是极度出彩的。它以一种成熟而收敛的方式从大环

境中抽离出来，使整个空间立于纷繁，而静于内心。

整个大厅区域与洽谈区结合起来，一条长桌贯穿整个空间，以其巨大的仪式感，升华了整个空间的气场，使人们在空旷静谧的空间中，感受到敬意和尊重。同时大厅高层的挑高，浅木色格栅与白色亚克力嵌入其中，在墙面上所形成的巨大体量感，以及垂挂于大厅中心的水晶挂饰与精致的黑色塘池，相互呼应，犹如清泉之水天上来，寓以聚财之意。

在沙盘区域，同样延伸了木色的元素，同时压低了层高，使整个

空间的气场更加的收敛、聚合，而使客户在观看沙盘时有一个更加温馨的氛围。

在 VIP 洽谈区域，于细节上更加的讲究，并配置了挂画，强化了整个空间的文化性，座椅家私的选择也更具人性化和设计感。

在办公区域，这种禅意和静谧的氛围同样得以体现，开放式的设置，兼具娱乐、办公、休闲、洽谈于一体的工作空间，无不体现了设计师前卫的完美主义立场。

整个空间设计，与材质、与光影、与伦理、与空间气场的收放聚散，都颇具大师手笔，不着一处，不留一痕，而将禅意和静谧的内核挥洒得淋漓尽致。

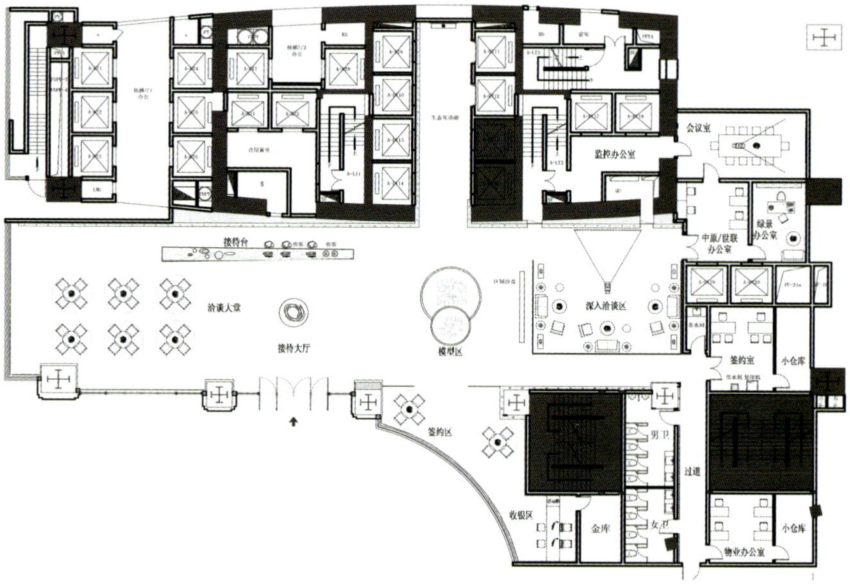

皖新 · 朗诗绿郡售楼中心

Wanxin & Langshi Green Town Sales Center

设计公司：GOA 大象设计
项目地点：安徽合肥
项目面积：1 500 ㎡
摄 影 师：钟宁

意在笔先，画尽意在，虽笔不周而意周也。

——张彦远（唐）论吴道子画

当代中国建筑师在建筑实践创作中经常碰到项目要求造价低、品质好的矛盾诉求。在皖新 · 朗诗绿郡人居体验馆项目实践中，我们借用“意到笔不到”的中国画创作理论，为这个矛盾诉求寻找到一条新的创作思路。

项目位于合肥滨湖新区，业主为皖新传媒与朗诗地产。设计任务开始到项目整体交付开放只有 8 个月时间，但是项目内容包括土建工程、设备安装、内装工程、室外景观与灯光亮化等，项目周期时间真的不算充裕。本项目为临时性建筑，因此业主方的诉求是低成本快速建造并且高品质，看似矛盾的诉求也正是一次有意义的项目实践契机。

我们从中国画创作理论中汲取灵感，重在写意，营造文化氛围。皖南徽派建筑是安徽地区的地域特色建筑文化，也是我们项目创作的文化来源。吴冠中老先生的大量抽象国画创作中对徽派建筑特征的表达与提炼概括起来有三大元素：白墙、黛瓦以及抽象的色块。我们把白墙、黛瓦解读为传统，而抽象的色块则意味着现代。

项目起始之初，我们与委托方就售楼中心作为一个现代商业行为的载体如何融合传统文化与现代文明展开

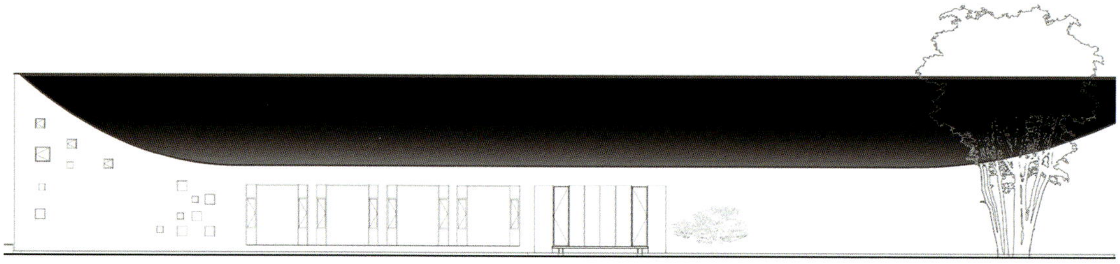

过热烈的讨论，恰好委托方之一皖新传媒专注于文化产业的开拓，并且拥有自有书店品牌“前言后记”，这使得我们抓到了一个很好的现代商业与传统文化相结合的切入点。将徽派文化气息浓郁的“前言后记”嫁接到销售空间序列中，并佐以类似文化沙龙的交流空间，成为我们空间营造的主题。售楼中心开放后，这一有别于绝大多数售楼中心的空间设计得到了委托方与客户认同，取得了良好的反响。

我们根据销售功能流线安排展示及洽谈空间：从室外入室内，运用先抑后扬的传统手法，空间体验从入口玄关进入到挑高接待大厅，透过中式花窗的光影落在洁白的墙体之上，禅味深长的枯山水庭院出现在眼前，平静的心境油然而生。在对景关系视觉引导下，空间转承到沙盘展示区，通过弧形的膜结构漫反射形成的全自然采光，消除了室内空间的压抑感，沙盘展示模型在如此纯净的空间里变成了展品，让人细细地解读与品味；空间序列的高潮部分是偌大的多功能沙龙区，中国传统建筑的剪影隐喻在双曲面屋面营造的宽敞空间内，大面积玻璃幕墙将外部的水体、白色中式围墙、景窗、枯石、竹子等种种景观元素融入到室内，塑造出别具一格的商业洽谈空间，或许这更是一场轻松的沙龙秀。

售楼处设计，功能流线多为接待、沙盘展示、样板房展示、洽谈签约。功能的组织围绕销售行为，为销售活动服务。此类功能组织的前提假设是：整个功能流线组织的目的（购房）是明确的。

本案与众不同的正是多功能沙龙空间的引入。

文化空间的营造能大大提升整个商业空间的格调，也能给参与活动的人群营造出难忘的与众不同的空间体验。参考互联网思维的营销思路，线上线下一体营销：线上宣传组织、线下展示举办沙龙、房产价值论坛、读书会、新书发布读者见面会等活动，拓宽媒体传播途径。多功能沙龙空间是承载这些功能的主体。

平屋面设置采光天窗及内院、接待大厅、展示厅采用顶部采光。

驻足在建筑主入口，沿着左右和前后两个方向起翘上扬的黑色双曲坡屋面、大面积白墙、错动的彩窗，都在含蓄地向这个城市表达着一种情绪，一场传统与现代的生动对话。

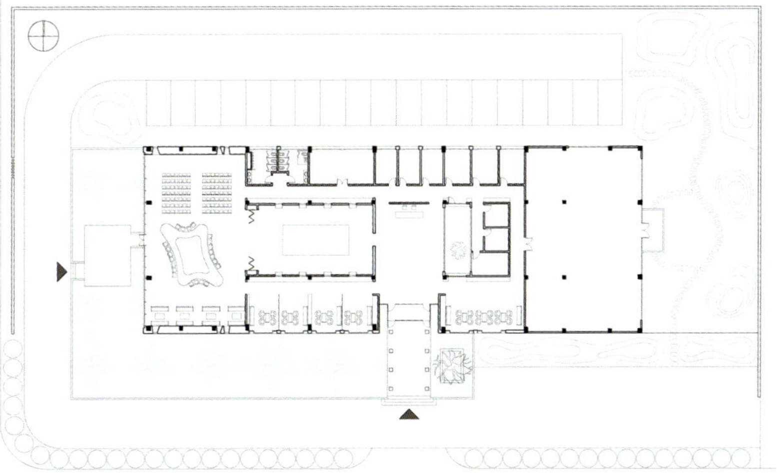

诚然，由于工期紧，建造完成度有一些瑕疵，但设计理念还是充分地表达了出来。这也许就是“意到笔不到”留给观者的一丝遐想。

立面临水部分开敞，大玻璃开向水面，室内形成亲水空间。

剖面设计上，设备管线采用隐藏设计，电气、空调、排水管均隐藏在双曲面屋顶下方与吊顶形成的异形空间内。

上海恒基 · 旭辉中心售楼处
Henderson & Xuhui Center Sales Center, Shanghai

设计公司：IADC涞澳设计
设 计 师：张成喆

位于上海虹桥的恒基 · 旭辉中心由 IADC 涞澳设计规划创作。

整个会所的室内设计充满了新与旧的对比，传统与摩登的碰撞，所有的灵感都有机地组合在了一起。

设计师张成喆将中式园林院落纯正的居住文化引入室内空间，贯通了自然之道，为现代格局的建筑赋予东方的韵味，宁静而致远。置身会所，身心仿佛一瞬间就会平静下来，沉浸于融入了艺术表达的宁静与禅意之中。

在设计师眼里，传统的东方文化，不应该被简单罗列式地复制，而应“追求在表象背后，通过当代设计的形式与语言，张扬地表达于当下的审美意志”。在这个充满想象的空间里，精神和意境、品质与灵魂、当代艺术和传统文化，不断地邂逅与融合，周而复始。设计师为空间赋予了生命，令其充盈灵动，激荡出浪漫的气氛。

步入售楼处，一层大堂采用设计师张成喆娴熟的三段式分隔来呈现，依次是休息区、接待区与展示区三个部分。一层内部隐藏的后片区域，被规划成了室内的恒温泳池，阳光经由落地窗台毫无遮挡地透入，与宽阔无垠的白色条形顶部设计遥相呼应，在泳池水面照射出几何质感的条条灯光。一条弧形的楼梯，将人们从一层引向二层，那里又是一个三段式格局的典范，水吧区、洽谈区、沙盘展示区错落有致地呈现在了那里。洽谈区、水吧区分居左右两侧，采用了横平竖直的几何设计，区域之间自然形成的走道顶部，由复古质感的老旧木头构成，与墙面的崭新木饰面、古铜色的金属饰面、灰色的地面木纹砖形成对比，新与旧的强烈对比，让人仿佛进入时光隧道一般。

就这样，设计师张成喆从传统元素中汲取灵感，在多材质间巧妙取舍，玩味了细节。传统符号被抽象化了，深色木作、素色墙面的表象背后，是文化与艺术结合的表达，空间中流动着神秘的张力。传统被抽象剥离，与简约的现代摩登相融合，深植于整个空间之中，深邃依旧，被赋予了当下的审美趣味。

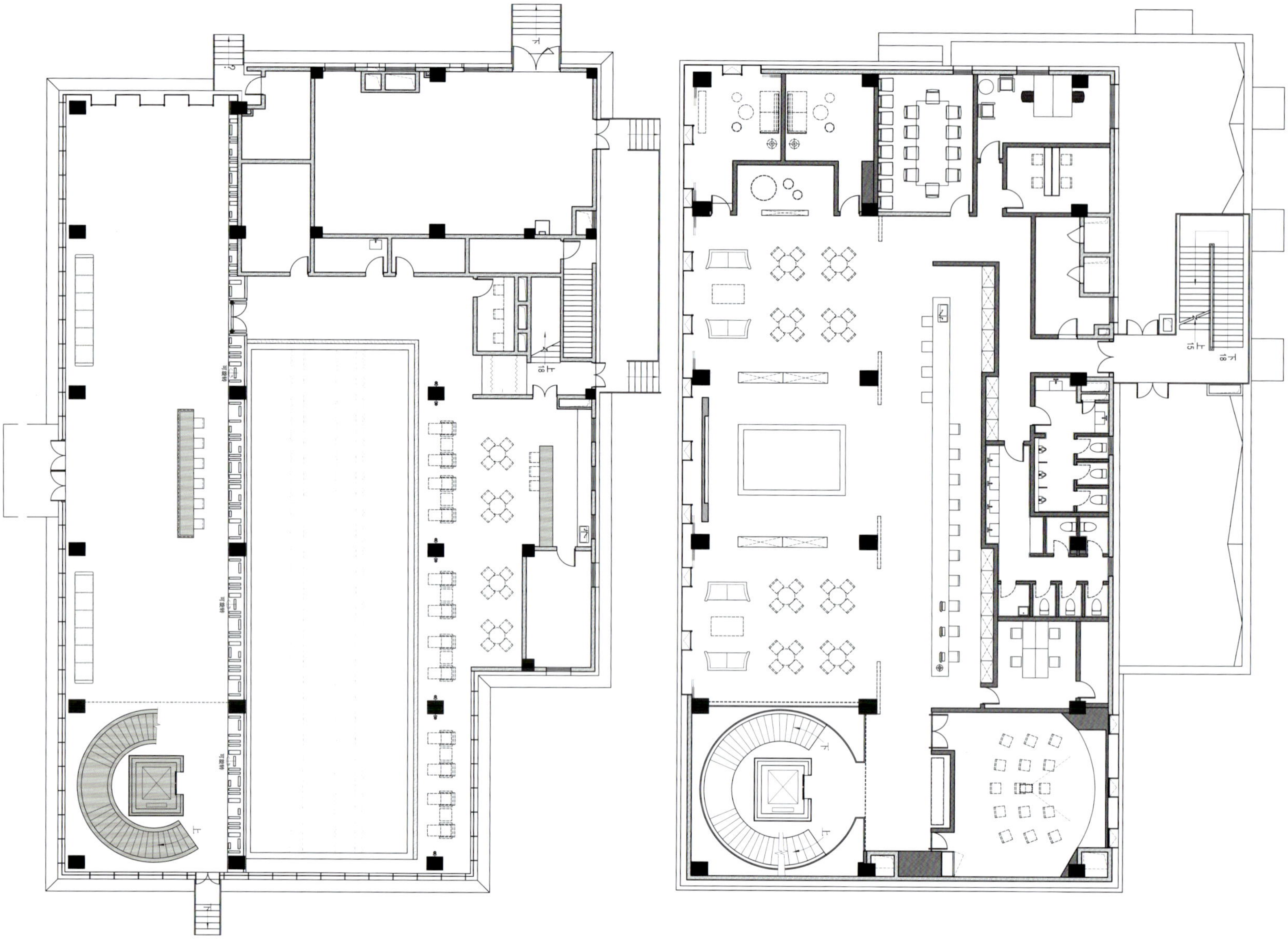

MERRY
CHRISTMAS

南京鲁能公馆体验中心

Luneng Mansion Experience Center, Nanjing

设计公司：上海曼图室内设计有限公司

设 计 师：陈俊、齐金鹏、章阳春、曾诗涵

摄 影 师：张静（三像摄）

项目面积：−1楼 1 100 ㎡、1楼 700 ㎡、2楼 900 ㎡、3楼 780 ㎡

主要材料：特菲力灰大理石、云多拉灰大理石、清水玉大理石、灰色秋香木饰面、玫瑰金不锈钢、皮革、墙布

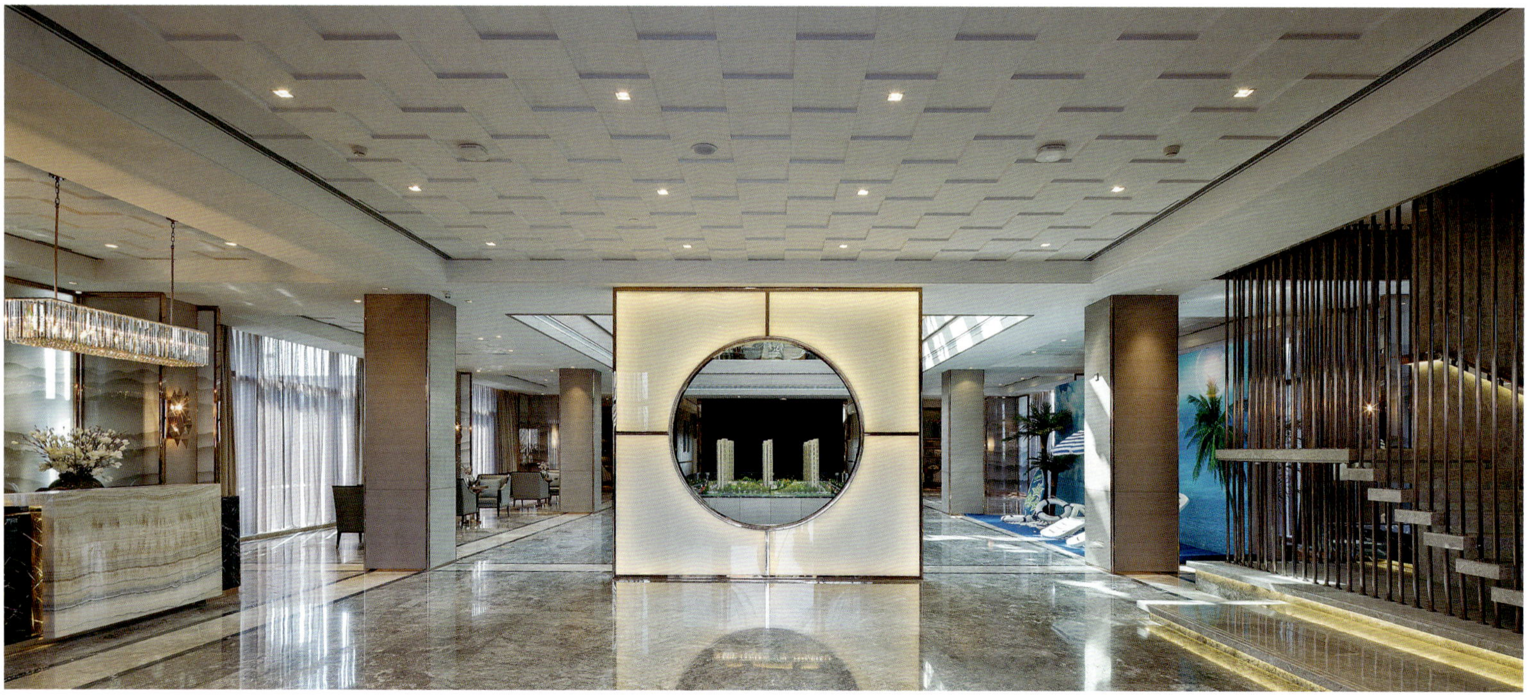

南京，拥有厚重的文化底蕴和丰富的历史遗存，南京现存的民国文化遗迹有一千多处，是民国文化的典型代表。设计师放弃对风格样式的表象追求，将现代的“形”和民国的“意”重新演绎，在情绪、文化、气质层面，赋予空间别致的氛围，打造“中西合璧”的极致品位。

设计师在空间处理上保留了建筑本身的通透性，运用中国古典建筑的“三进式”中轴对称的设计手法，从而丰富空间之层次，强调空间之仪式，塑造空间之气质。

入口前厅照壁以传统形制演绎现代空间，形成空间不同的景深，化解周遭环境的繁杂，使人在被抽离的空间中，感受到静谧和尊重。艺术楼梯的金属格栅与水景穿插，实现功能与艺术的完美结合，在空间中形成巨大的体量感，在室内或室外打造出一个空间记忆点。

整个中庭区域，9 米的挑空尺度，用直接而干练的木色栅嵌入其中，和垂挂于中心的水晶装置以聚合空间。不仅增强了空间层次，同时营造了强烈视觉冲击力的空间感受。

洽谈区和水吧区大面积淡雅沉稳的素色设计中，巧妙运用少许橙色，使空间变得生动而富有创意。

软装上大量采用民国风情家具、古董及当地文化特色配饰作为搭配手法，使人不经意间步入民国时期的十里洋场，经典与现代的交织，给人无限的错觉和遐想。

北京万科 · 观承售楼中心
Vanke Guancheng Sales Center, Beijing

设计公司：IADC涞澳设计
设 计 师：张成喆
项目面积：1 000 m²
主要材料：柚木饰面、灰色大理石、白色透光玉石、肌理漆、胡桃木地板、古铜色金属饰面

融合中西，东情西韵

万科，中国驰名的专业房地产开发商，特别委托 IADC 涞澳设计度身定做了体量为 1 000 平方米的万科 · 观承别墅售楼中心。此项目的设计主题是以博大的胸襟，站在跨越东西方文化的时空高度，融合两种文化的精粹，打破了中西方文化长久以来保持对峙的局面，终结了不可融合的神话，呈现了一个亦中亦西、别具一格的会所空间。设计师张成喆力主“多元创新”，将传统东方典雅的气质与简约整齐的线条搭配，凝结出富有“东情西韵”和充满人文气息的空间。

整个设计采用古典建筑三段式手法，将建筑单体划分为左侧洽谈区、中部接待区以及右侧模型展示区三部分，呈现和谐对称之美，展示恢弘庄重之气。先从入口挑空大厅的巨大接待台作为空间的分界和焦点，再进入到洽谈区和接待区，空间有分有合，利用屏风隔断层层递进，形成了流动和连续的空间构成形式。

设计师张成喆从这一形式中获得启发，以此概念又打造了具有现代民国风格的会所空间。以原木色、米灰和墨绿色为主要色彩，选用棉麻布料、铜、柚木及灰色石材等材料，并糅合花卉、古铜、水墨等元素，以简约衬托恢弘，让设计既呈现出淳朴整洁之小范，又不失大气端庄之势。

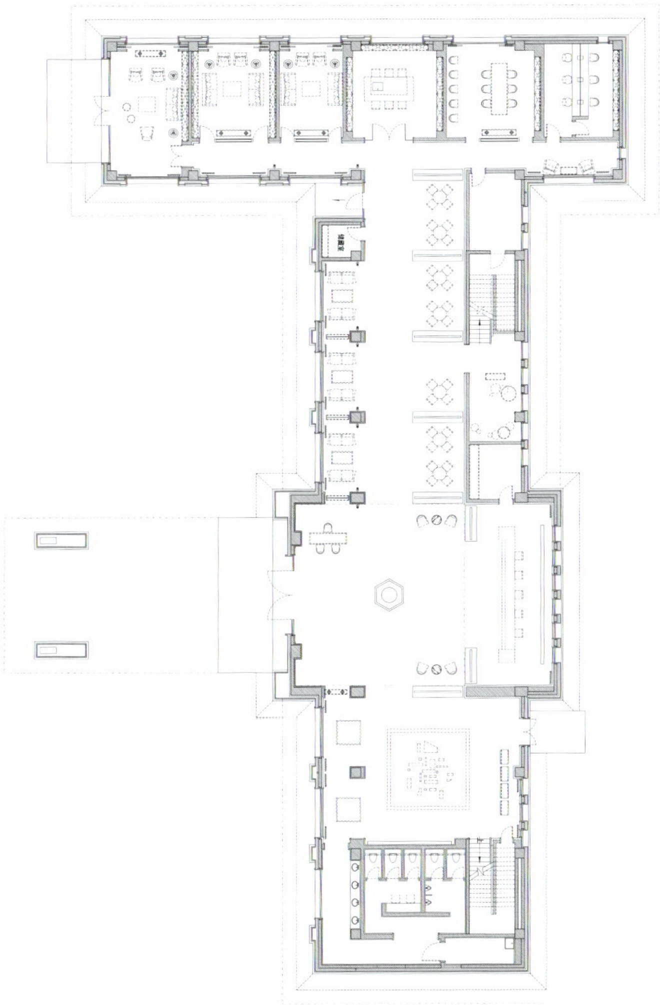

该设计以大理石的冷，配上原木色的暖，从而使简约的空间不显空旷单调，达至沉稳端庄的视觉效果。同时空间中流露家庭会客厅的温暖感受，给人以舒适温馨之感，又于简约之中散发出浓烈的民国情怀，深化了亦东亦西设计的鲜明个性。

室内设计师都会运用中国的文化、元素来表达自己的室内设计作品，但多数人只会用形，而并没有掌握到中国传统文化的神韵。对于这点，张成喆感悟颇深，“中国传统的设计风格强调中心对称，常常在无声之中给人一种无与伦比的力量。我将这种设计手法和传统中式风格所呈现的‘无声胜有声’的意境运用到室内设计之中，达到端庄、优雅且富有内涵的空间效果。以传统文化内涵为设计元素并不意味着将传统原封不动地照搬，而是需要革除中式传统设计的弊端，去除多余的雕饰，糅合现代西式家居的舒适性，创造融汇中西，跨越东西的时代杰作。”

华润置地柳州展示中心
Huarun & Zhidi Sales Center, Liuzhou

设计公司：朗联设计
设 计 师：秦岳明
参与设计：何静、李慧慧、颜鹏程
项目面积：980 m²
主要材料：直纹白玉、原木、木饰面、皮革、不锈钢

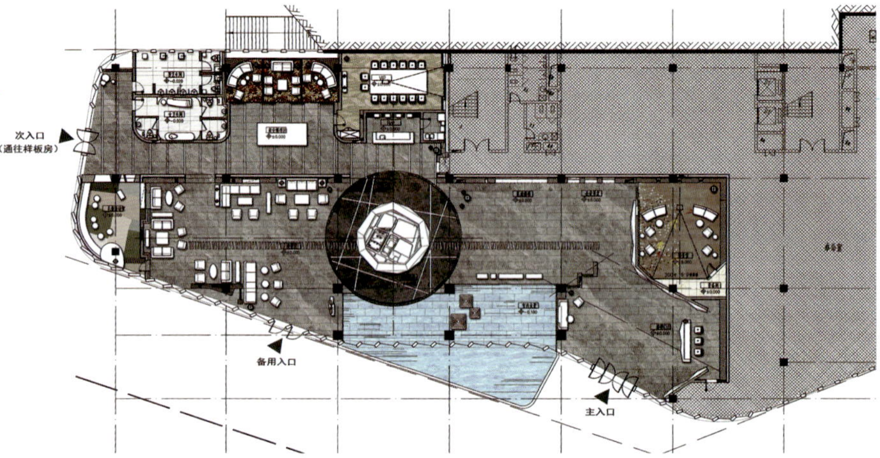

城在山水园林中，山水园林在城中。本案设计师回望柳州传统人文，利用当地文化积淀带来的天然韵味，在满足基本功能要求的基础上，将华润置地柳州展示中心设计打造成一个“山、水、石”交融的人文空间。不只承载了文化、生活的态度，更想为客户创造的是一个沉浸心灵、安顿身心的诗意空间。

山水之间，虚实相生。在空间设计上，我们运用了很

多写意的手法，于是，当地的山水与奇石则被剥离表象以不同的形式贯穿于各空间：山之硬、水之柔、石之迭在各空间与立面处应运而生，变化万千。同样的概念也体现在室内的灯具、艺术品的设计中。

浅渲淡染，意韵天成。在空间的色彩把握上，采用不同灰度的材料，以其表面质感为基础，将中国传统水墨画与建筑美学结合，辅以重色勾勒、淡墨渲染、焦色皴擦……浓重淡清地渲染出整体灰白调的一幅水墨山水画。而暖木色构建的中心柱体犹如一笔淡彩，成为空间的视觉中心。

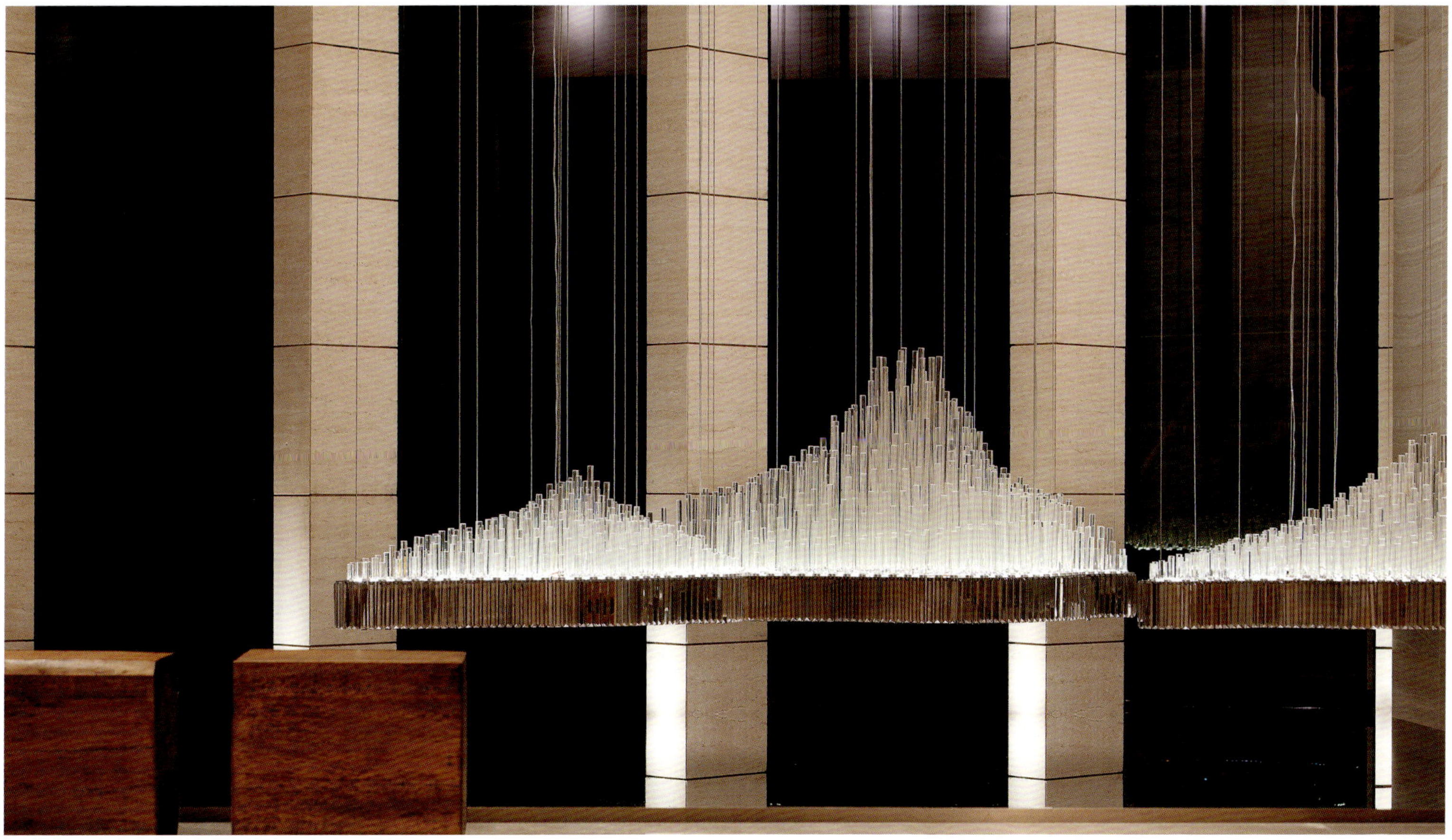

中天东方 · 诚品销售中心

Zhongtian East Eslite Sales Center

设计公司：上海牧笛室内设计有限公司
设 计 师：毛明镜

何为东韵？

不是东方元素的具象运用，

而是原有文化抽象化，

传统元素现代演绎，

取其意、取其境、用其韵……

如果有前世今生，前世的他更像是唐朝时期的人，尊礼重教、极致风雅的翩翩君子。这一世的他，历经多次挑战与蛰伏打磨，努力在建筑与文化中搭建着一座桥梁。如今，他更为自己人生下了个注脚：传承者，MAUDEA 设计想给使用者营造一个钟情现在和怀念过去的双重空间，于是新东方的设计主题便被带到了中天东方 · 诚品的方案之中，让来宾在简洁舒适的环境中，感受传统文化与新文化交替的意韵。

多样化的材质互为融合，彰显出自身的特质，比如石的厚重、木的质感、金属的触感。铜质的屏风，脱离于传统中式窗格的构造，采用菱形交错图案，在通透之余也展现出悠然的洒脱。其中屏风装饰的运用丰富了空间的层次，设计师将其分解、转化成立面、局部，不仅分隔了功能区域，还构建出层层递进的空间流线，与整体形成一种呼应，颇具趣味性。

卓越·长沙浅水湾销售中心
Excellent Shallow Water Bay Sales Center, Changsha

设计公司：山立方设计事务所
设 计 师：林可峰、王山乔、吕晓武
项目面积：1 170 m²
主要材料：白金砂石、银灰洞石、白橡木

项目位于湖南长沙梅溪湖，销售中心以艺术展示中心为主要载体，通过艺术展示功能与销售功能相结合的方式，营造一种轻松愉悦的销售模式。

销售中心建筑体是一个现代的、独立的形体，建筑本身就是一件雕塑般的地景艺术品。

当销售中心成为本建筑的艺术展览中心不可分割的一部分的时候，整个楼盘项目定义自然而然就发生质的变化，从而达到了前所未有的艺术化和场景化效果。空间艺术场景化的处理触动着每一个人的心灵。

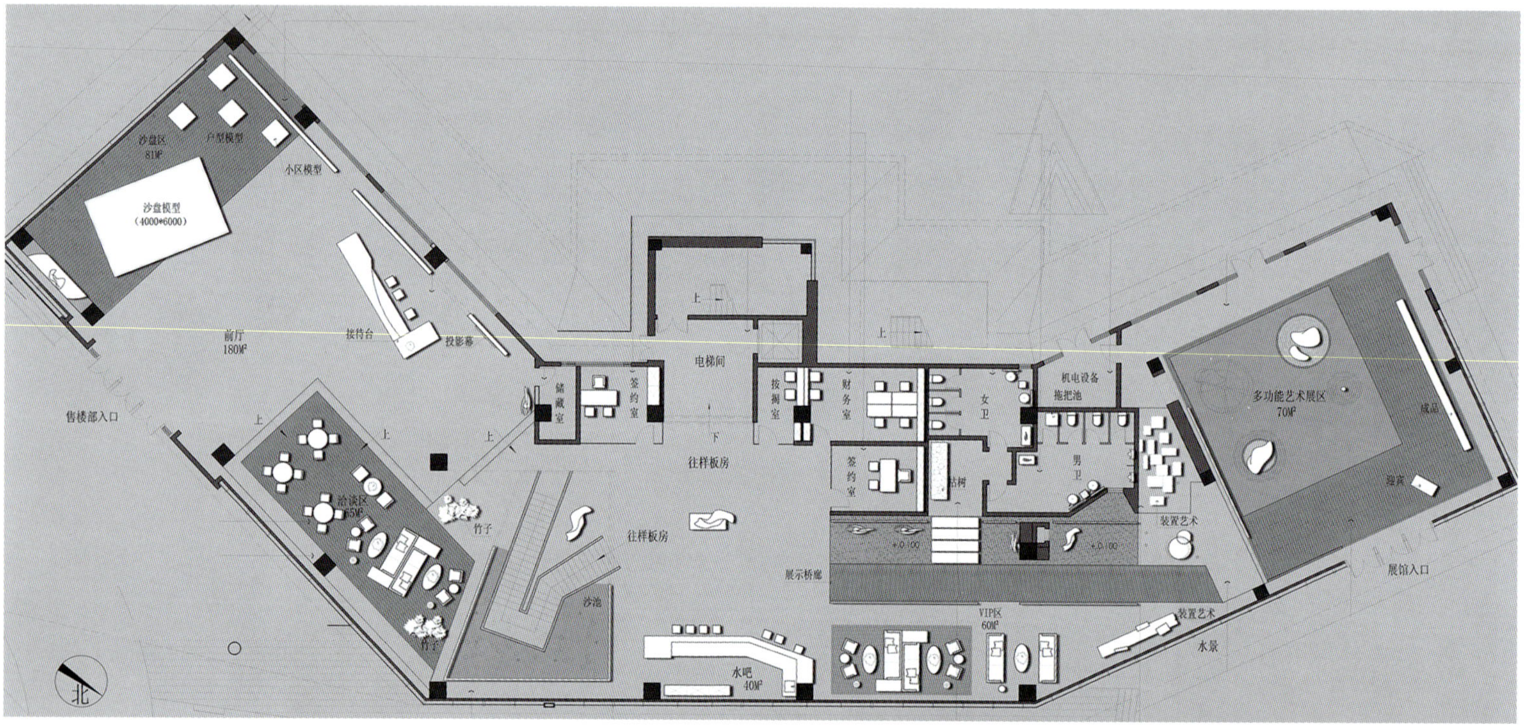

艺术中心以“东方禅意”为创作主题，强调空间意境的虚拟化与存在感，剪影山水、装置树结构、灵动的山水画作，构成了一幅充满诗意的画作。

本案中运用了许多艺术家的雕塑作品。如郑路的《弘仁山水印象》、史金淞的《短松 7 号》在本案中较为突出。《弘仁山水印象》将通过对传统雕塑体块量感的消解以及金属板材经过字形镂空处理，使材料的自然属性带给我们的心理感受改变了，沉重的钢板变得轻盈剔透起来。史金淞的《短松 7 号》由不同种类真树的部分树干组成，经过剥离拼装、干燥、打磨、漂白，直至不朽，是自然对生命力的一种艺术模仿。在色调上呈现出一种微妙精致的苍白，叙述恰似日式的禅意装置，充满东方精神。

桂林荣和林溪府售楼中心
Linxi Mansion Sales Center, Guilin

设计公司：本则创意（柏舍励创专属机构）
项目面积：1 700 ㎡

山水终相逢，终会到漓江。古往今来，桂林漓江山水为迁客骚人所称颂，更有桂林山水甲天下的美誉。桂林琴潭栖于漓江江畔，拥有得天独厚的地理优势，坐拥千山美景，独享一方情调。设计师提取自然元素置于空间各部，打造一个艺术与禅意并存的集商业与养生为一体的休闲会所。览一江之景，品生活之美。接待厅背幅取意等高线，其神韵与梯田也有几分相似，蜿蜒不绝，光影相随；巨幅玻璃幕墙外，

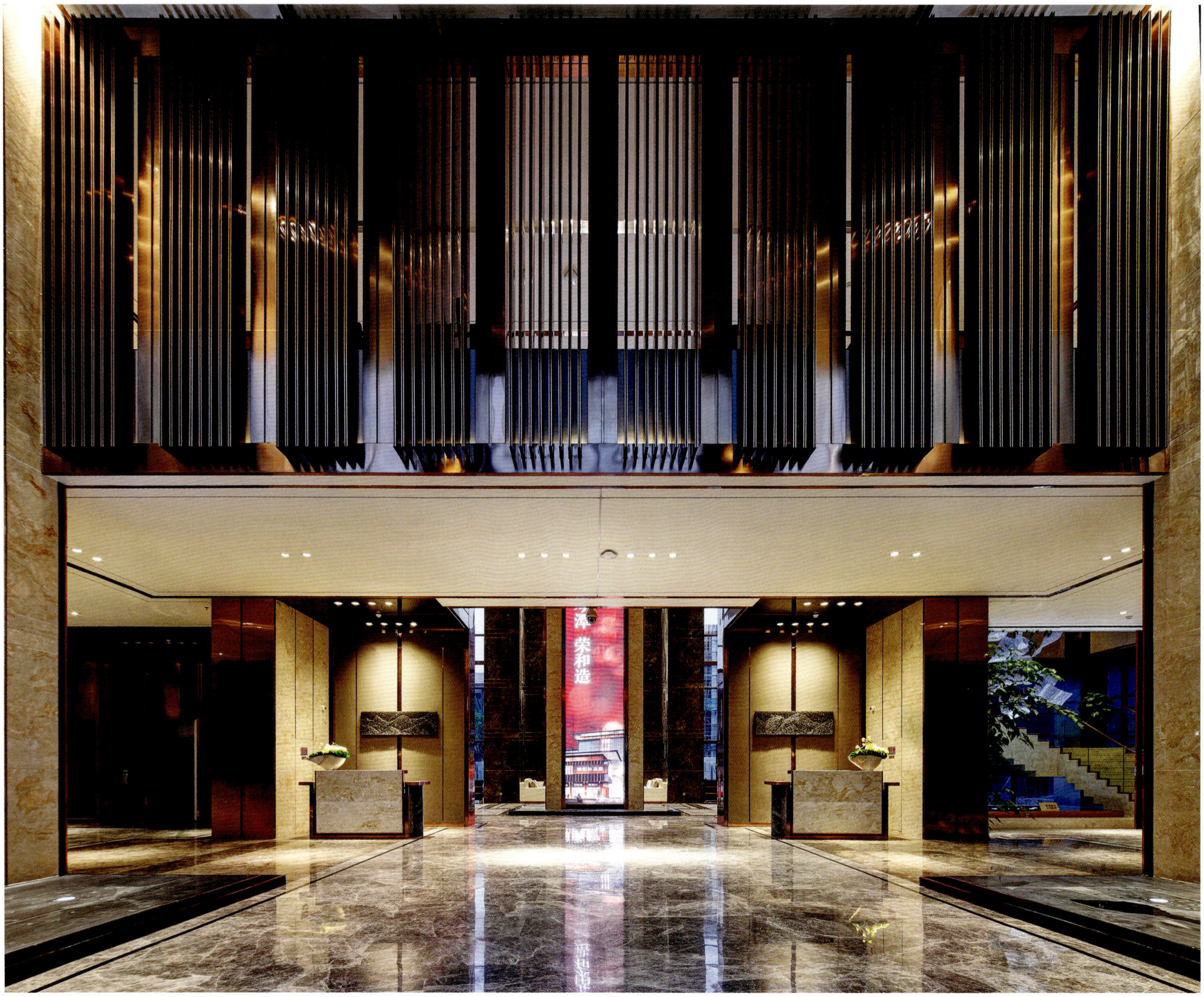

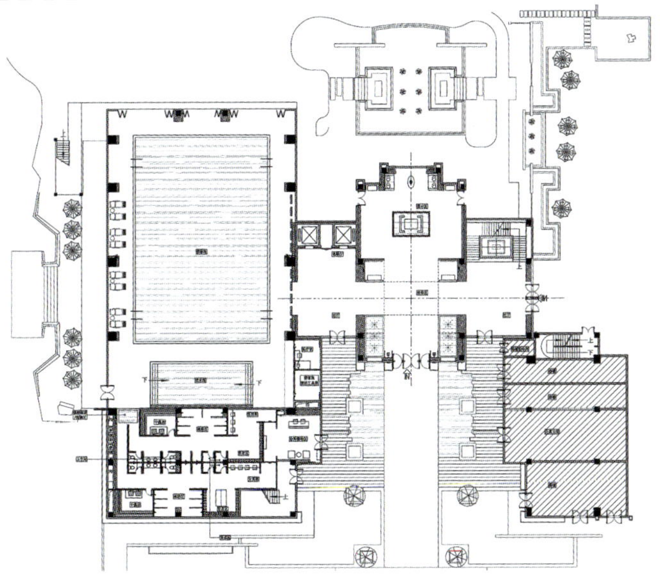

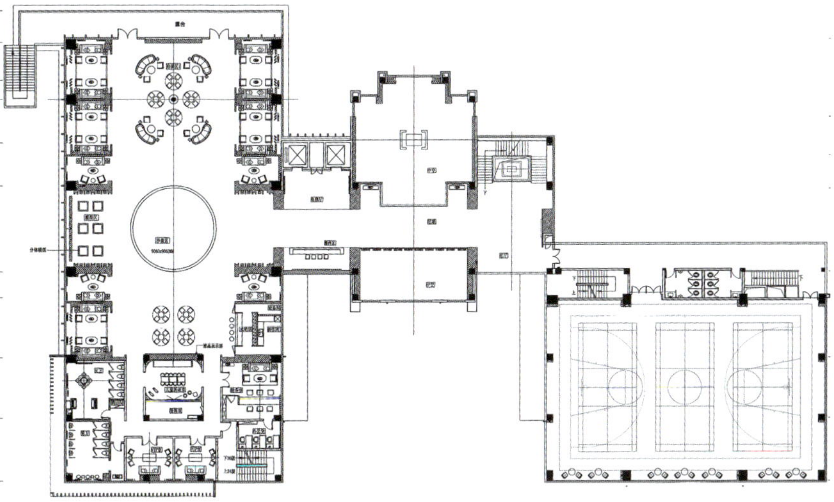

是绵延的群山，在晨光微曦中，袅袅云雾，山里山外，互通有无。

如果为接待厅美轮美奂的景色着迷，那模型区、洽谈区的氛围足以让人流连忘返了。设计师巧妙地将山水引入室内，整个空间里从天花到地面，皆源于自然元素，山峰峻峭，流水潺潺，渲染一种行云流水的气势，山纳众生，水融万物，开阔的胸襟和气度都在空间中演绎得淋漓尽致。

VIP 室的设计中，设计师引入了“竹”的形态，拔地气不挠，参天节何劲，于翠意竹韵中传达竹的高雅气节。空间设计讲究对称，工艺玻璃的运用正好将竹的形态更加生动地表现出来。

在整个空间的设计中，现代设计手法必不可少，这是时代的象征。与此同时，设计师将中国的传统元素以专业的设计语言诉说出来，以景传情，参禅悟境。

京祐雅正接待中心
Jing Woo Elegant Sales Center

设计公司：大研设计
设 计 师：张莉宁
参与设计：王宣乂、张莉如、黄香瑜
摄 影 师：古礼维、张志辉、刘中颖
开 发 商：京祐建设
项目面积：室内 287 m²、户外景观568 m²
主要材料：观音石烧面、黑洞石、山东白麻烧面、福鼎黑剖劈面、赤壁石、挪威黑钻亮面、挪威黑钻仿古面、挪威黑钻烧面、挪威黑钻水冲面、泼墨山水亮面、咖啡绒亮面、夏日恋情平光面、银白龙亮面、黑色鹦鹉螺仿古面、印度黑烧仿面、夜明珠仿古面、柚木实木桌板、陶板薄砖、瓷砖 、科定木皮、超耐磨木地板、金属涂装

质朴中的宁静

建筑以原质的素朴材质——山东白麻石烧面为基座，
细黑金属勾勒建筑简素挺直的形体，
安静不喧哗而衍生出各种细长比例的开口处理，
以简练的线条形塑建筑厚实而具雕塑性格。
邀请太阳、风和水与建筑产生对话，
企图安置建物以不起波澜的方式，静添一座平和内蕴的建筑量体于城市中，
浑然安居的气象感受于当下，渗露于久远的时日。

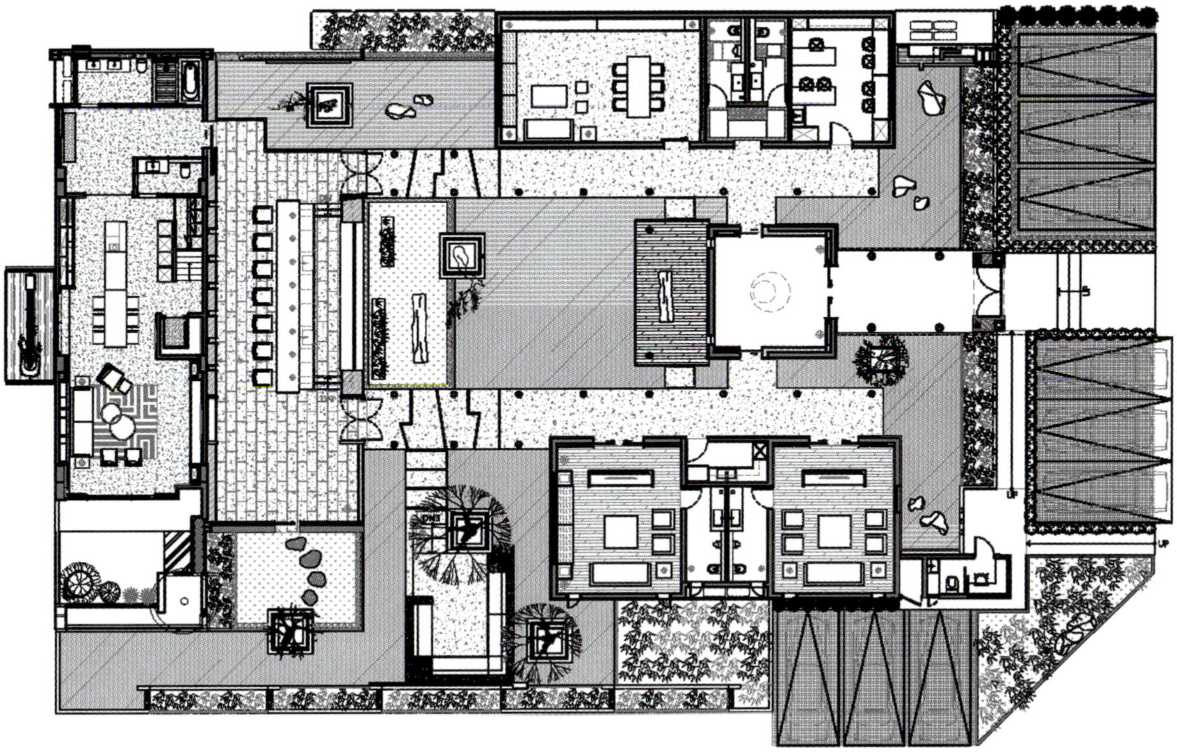

墙的角色

一座重量的墙体，打开若干的洞，制造进出的门与对望的门，框住一个景。

建筑的第一道墙界定了空间，第二道墙形塑场景，第三道墙提供静默。

墙不再只是界定空间，可让人静默、期待、沉思，形塑一个有情感与视觉的场景。

象征性的墙体是对家的一个记忆的献礼。

漫游

在纷杂的城市当中期望心灵的休息，与追求自然的本质，在建筑中画出一个角落，让心可以静默。

设计一个水庭，漫游两座建筑之间，缓步于长廊穿越时间与空间。

轻微地诱发人们阅读着时光的意义。

光影是主角

就在这些光线的拂映中，建筑的微光意象，它是深具时间感的，是一种光的消融下的物件，成为光的一个发言者。

框景

细长横窗，一时光景深松里。

室内、室外的自然借景，绿意，层叠。

8 米长柚木吧台前，面对秋色如金与水波粼粼。

风起、水波、光影、雨落，随季节的推移而变化不同的生活意趣。

Resorts by Thai Architects
HEIM
MODERN COUNTRY INTERIORS
SHOPS & MALLS
HOUSES

惠州现代城香堤岸销售中心

Modern City Incense Embankment Sales Center, Huizhou

设计公司：深圳市帝凯室内设计有限公司
设 计 师：徐树仁、李进念、庄祥高
软装设计：李靖云

该项目位于深圳以东，是惠州三和经济开放区承接深圳产业转移，打造成惠阳现代化高技术产业基地的核心区域，占地面积 26 万平方米，建筑面积 76 万平方米，是别墅与高层并存的高档社区楼盘。项目绿化率高达 35.5%，景观为东南亚水景园林，近半为水系面积，别致的人工水系、户户亲水设计，亲水空间无限。园林五重景观带，天然湖泊与人工水系完美结合，体现以人为本的设计理念。定位为：三城核心，76 万平方米亲水城邦。

项目的文化属性，对营销中心的设计也有了明确的风格界定。设计师在设定本案项目特质时，既要体现东方文化的优雅格调，又要有东南亚的悠闲质朴，还要有水系社区的柔美轻灵。项目在空间布局上，考虑到销售期间人群聚集数量较高的情况，尽量采用开放式布局，便于不同销售期的空间组合运用。入口玄关处，二层高的景墙以木条拼贴出水纹流动的图形，体现项目的亲水特质。景墙背后，登上三级台阶，为一开放式的洽谈区，自由式的空间格局，一端为酒吧台，背景为二层高的装饰架，陈列着美酒与艺术品，整个氛围如酒店大堂一般轻松，仿佛是朋友品酒喝茶饮咖啡的休闲区。二楼洽谈区也采用开放的布局，视野开阔敞朗，可以欣赏窗外绿意风景，黑色铁质条栅的屏风起到分割空间的作用，却不阻挡视线的穿透；天花板上黑色线条勾勒的吊顶强化了每组洽谈桌的空间领域；近窗抬高的木质平台给人以东南亚亲水平台式的休闲感。整个空间以灰色调配木质咖啡色，给人以优雅质朴轻松愉悦的感受。

合肥旭辉湖山源著

Xuhui Hushan Source Sales Center, Hefei

设计公司：上海牧笛室内设计有限公司
设 计 师：毛明镜

本案在设计中以山水为主题，整个设计犹如一幅缓缓展开的山水画卷。用现代的设计灵感诠释古老的徽派文化，不但注重精美的现代设计的细部，而且以独特的方式展示了“动”与“静”、“声”与“色”的环境，将山水之间的氛围带入整个设计理念。险山峻岭、水韵灵动，设计师借鉴了徽派文化中集徽州山水风景之灵气，融汉族风俗文化之精华的风格。在细节的把控上，采用马头墙、黄山石、云雾茶的徽派元素，挥毫泼出一幅恢弘的画卷。

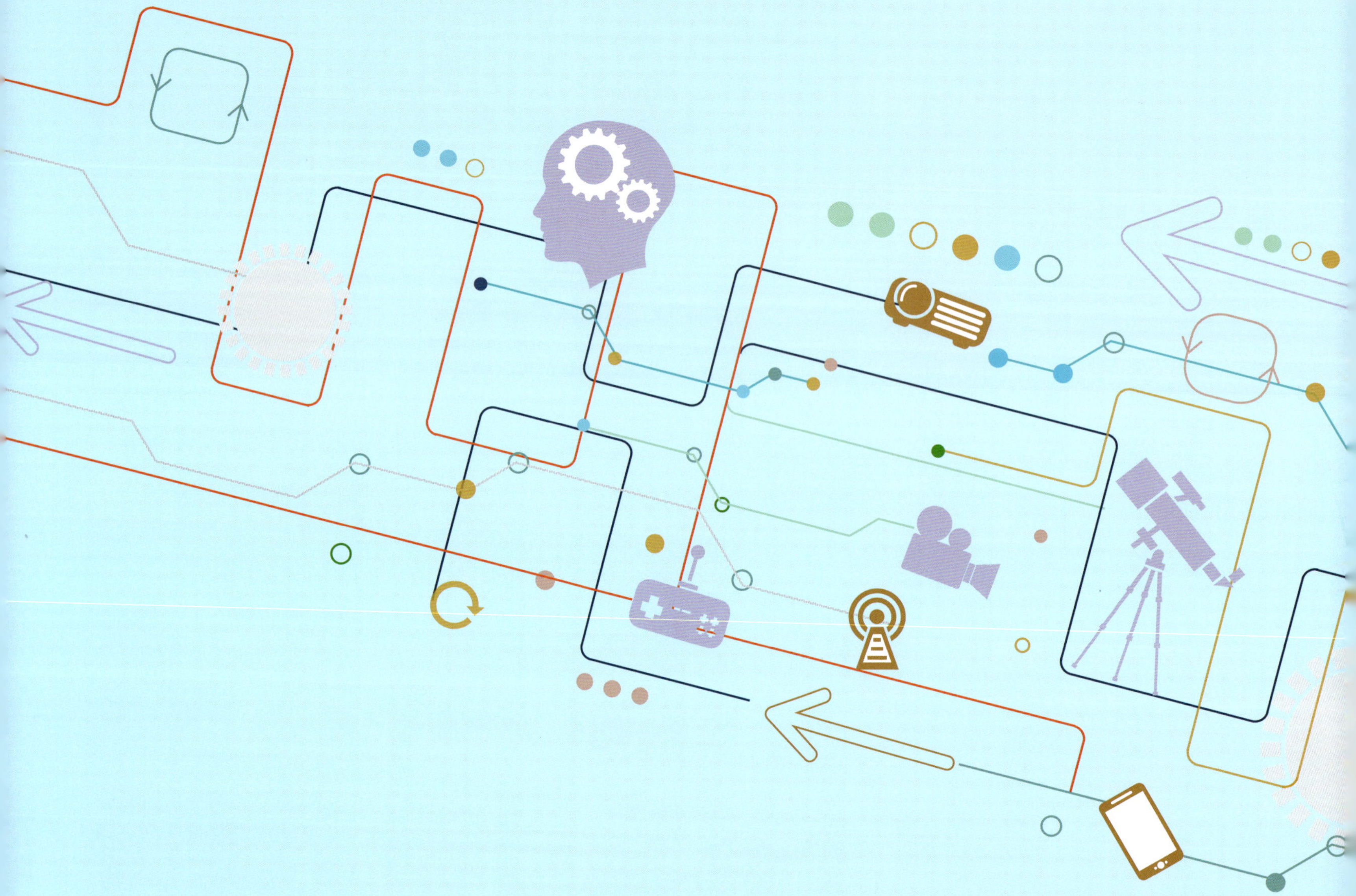

C Foreign Country Sentiment

异域风情

新北市海德公园会所
Hyde Park Club, Xinbei

设计公司：玄武设计
参与设计：黄书恒、苏幼君、林胤汶
软装设计：山景空间创意
摄 影 师：赵志程
项目面积：4 317 m²

主要材料：镀钛板、西班牙金锋石、黄金石、黑金花、新米黄、胡桃木实木拼、拼花木地板、BISAZZA马赛克、JATANA花砖

究极工艺章法 演绎殿堂风范

英国皇家 殿堂之尊

当亨利八世让英格兰政教合一后，王室的权力达到顶峰，加上打败西班牙无敌舰队，促使大不列颠帝国成功称霸欧洲。至此，英国从欧洲边陲的小国，成为日不落帝国。在这样优越背景下，素有“信仰捍卫者”之称的后继者——乔治三世，运用他英明仁慈的统治手法，国力甚至影响远在太平洋的北美洲及印度，异国文化逐渐影响当时的英国社会。细看社会每个角落，文化风格暗藏意大利文艺复兴的精神，从贵族到平民，从古典主义到理性主义，剧烈的转变，促使他们找寻可替换的美学标准，反而确立一个媲美古典主义的新逻辑。玄武设计知悉英国乔治国王的时代背景，取材其古典醇厚的色彩及线条，且多样变化的工艺细节，能够完美体现顶级会所的帝王风范，故将之作为本案设计主题。

工艺进化 凝固精华

华丽沉稳的入口大厅，穹顶放置巨型 Waterford 水晶吊灯，闪耀映照每个角落，展现磅礴大气。同时，黑白大理石纹与不锈钢异材质的地坪拼花，恰与两侧壁面柱饰相勾连，周围鎏金色的配饰点缀，彰显空间的富丽堂皇。步入阅览室，圣三一书院风格凝结其中，细看上方光拱的设计，结合古典工艺及未来科技，仿佛古典工艺再进化，延续历史，而三连拱的数组构造，重现远古学院的精神。同时，与现代

造型的儿童阅读区谱出强烈的对比，如同英国卫兵整齐排列的高背木椅、长桌及学院派阅读灯，让人宛如走入百年书香殿堂。转进充满故事性的酒吧空间，不规则的天花与图腾地坪，服膺传统英国绅士俱乐部的风格，造型翅膀单椅和巨型马灯，崭露趣味的光芒；宴会厅运用纯白为底的天花，衬托出奢华神韵的地坪和餐椅，一旁的罗马柱及直条纹壁饰，打造延续性的视觉效果。乔治国王时代，从纯粹的古典风格中得到新的秩序感，同时追寻一种更辉煌、宏观但又不忘表现理性的生活风格，加上在位长达 60 年之久，独特的勇敢、典雅、工艺的格调，和此案相得益彰。

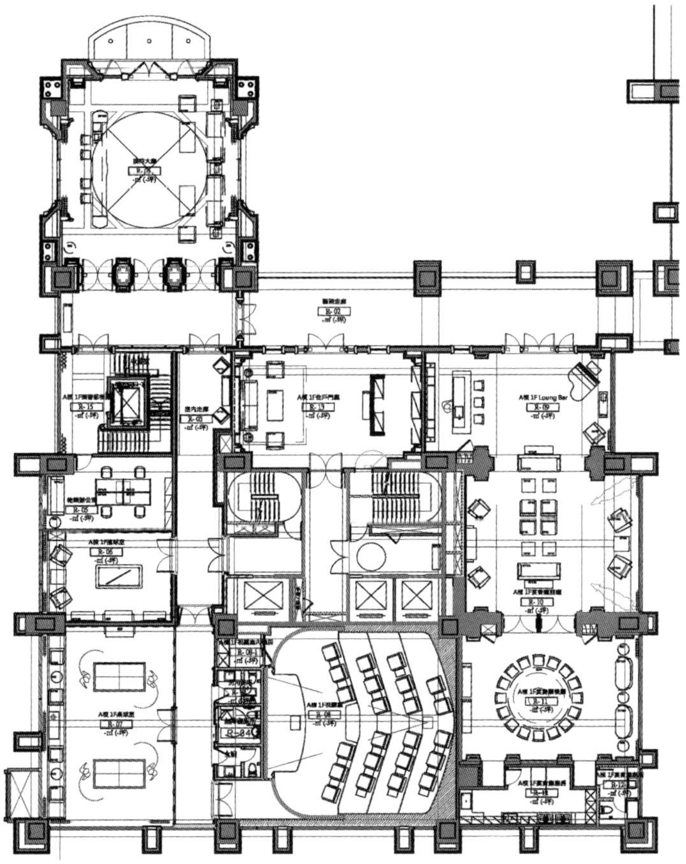

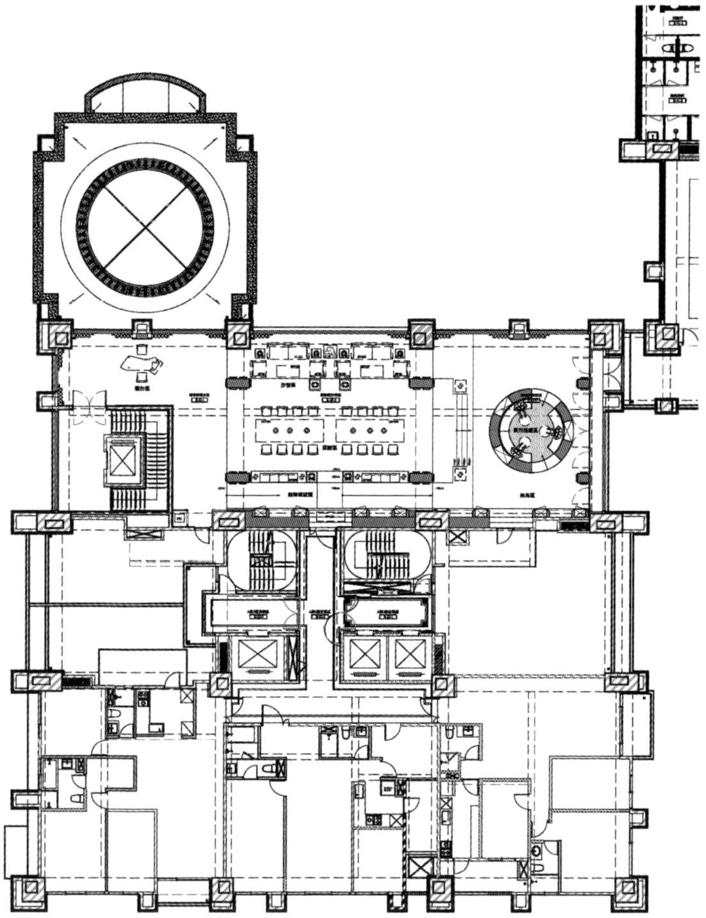

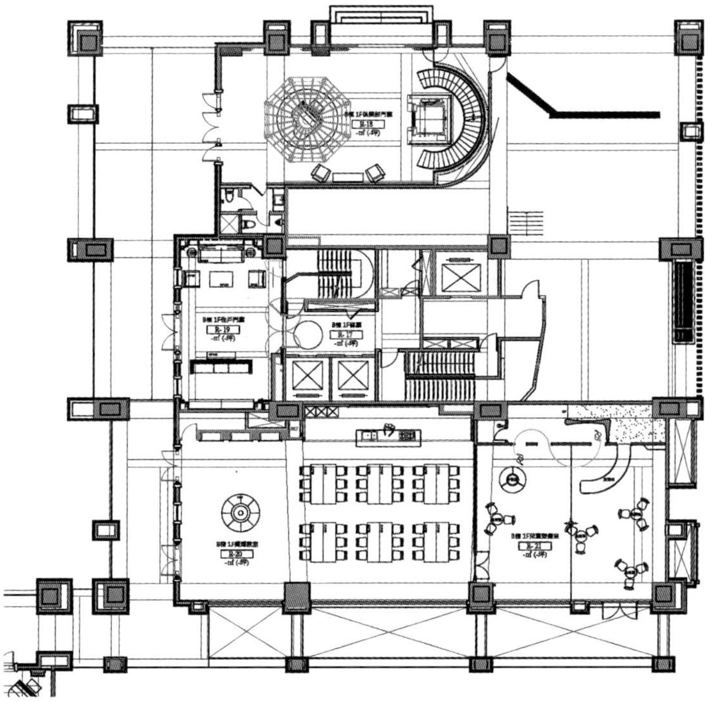

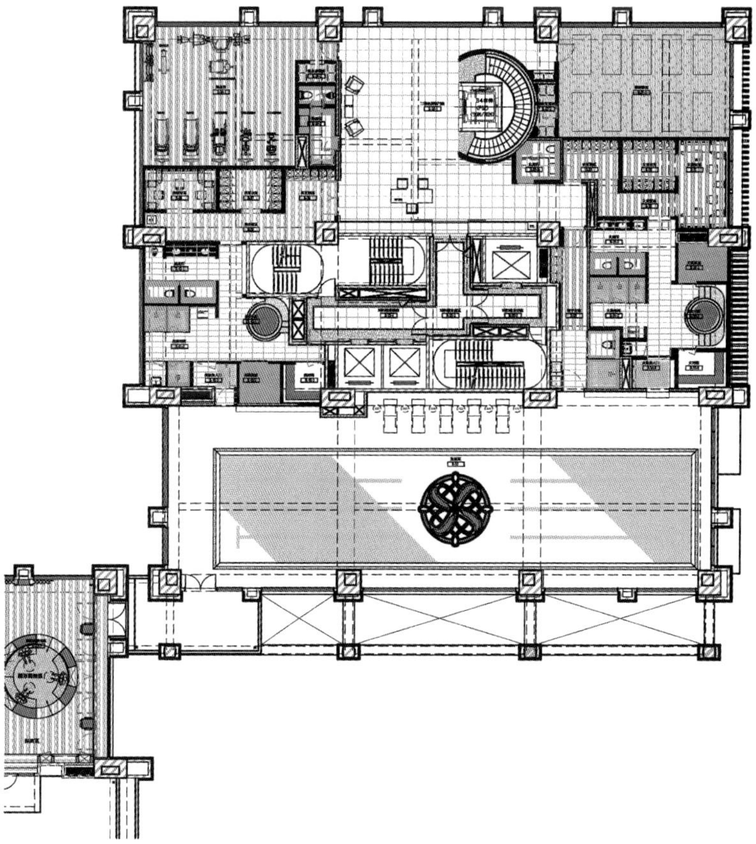

上海绿地海珀佘山售楼处
Greenland Haipo Sheshan Sales Center, Shanghai

软装设计：LSDCASA
设 计 师：葛亚曦
项目面积：1 100 m²

不被误解的法式

上海绿地海珀佘山售楼处，择址正佘山，系属绿地又一海珀系作品。LSDCASA 担纲室内陈设，设计承袭法式新古典建筑艺术和美学神韵，内饰回归法式宫廷中最正统的时代感，且对旧传统重新做了新的尝试与思考，化繁为简，吐故纳新，将法式古典风格的端庄与奢华，与中国当下审美情趣合二为一，实现古典与现代，传统与创新的和谐之美。

整个空间陈设注重气质，关注精神世界。室内一共三层，格局以中轴线对称布局。迎宾大厅作为售楼处的第一空间，由一扇艺术浮雕屏风虚掩而入，完美的天花拱顶、特别定制的水晶吊灯与充满时代感的优雅家具陈设，凝聚法国古典与当代美艺精华，线条简洁的家具，气质凝练而彰显气度。充满活力的现代法式花艺与艺术饰品随处可见，室内艺术陈设与法国建筑的历史元素相辅相成，与精致内饰相契合，悄然绽放绝妙风华。

展示中心的软装设计延续和传承对样式的最大化创新。装饰将法

Hysun 海珀佘山

国歌剧与中国戏曲完美结合，实现古典与现代，传统与创新的和谐之美。高耸天花拱顶、华丽帐幔、大理石地台与充满时代感的家具陈设，极为富丽气派。而软饰则以淡灰及米白色调与光面焗漆元素、巴黎美艺风尚与当代实用设计概念相辅相成，精挑细选的工艺摆设、优雅家具、充满情调的灯光效果与豪华水晶灯等构成天衣无缝的优雅氛围。

一楼洽谈区、VIP 室等重要沟通区域居大堂两侧，对称格局，设计整体而又各自独具空间个性。空间采用黄色、深咖及哑金等高贵大气的颜色为主色调，以蓝色及浅咖色为点缀，提升整个空间的高贵氛围，少量金属对象的介入，提升了空间气质，趣味而又充满力量，营造出了整个交流空间的尊贵感。

天津桃源居销售中心
Taoyuan Home Sales Center, Tianjin

设计公司：深圳沃道设计有限公司 / Shenzhen Wardog Design Co., Ltd.
项目面积：985 ㎡
硬装材料：大理石、黑镜钢、胡桃木、桃花芯饰面、彩绘玻璃、墙纸
软装材料：皮质、绒面、金属
色调管理：米色、靛蓝、墨绿色、金属色、咖色、局部点缀玛瑙红与橘色

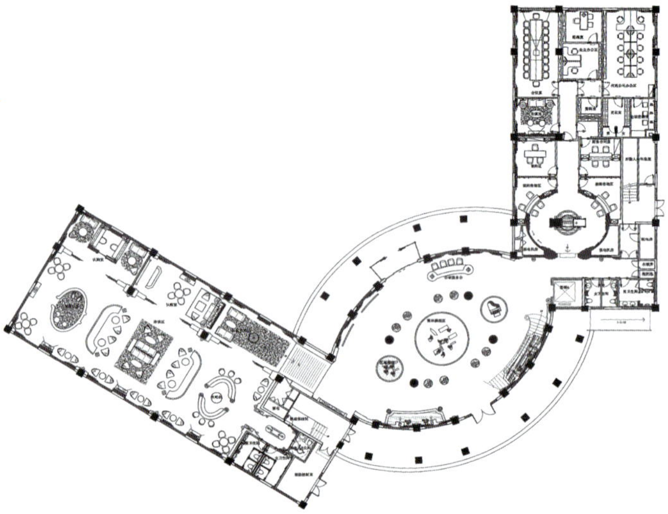

重构英伦风

留下了众多殖民烙印的天津，我们在项目设计前期，与业主方对城市历史、文化传承、当地生活方式等展开了细致的调研。建筑作为一种最直接的表现形式，在岁月的流转中承载着一代又一代人的记忆，如何在保留古典建筑风格的情形下，重构符合当代审美诉求的新天津形象与风貌，是我们思考的重点。我们以当代美学的视觉，将都铎建筑理念进行重构和演变，融入现代的设计语汇，诠释城市的当下与历史、文化个性与生活方式之间的微妙互动。

在空间设计上，我们为创造出一个多样性与灵活性的空间关系，在阵列、对称、均衡等传统设计手法上融入当代设计手法，营造出多种私密与公共空间，让空间最大化满足功能需求的同时保留天津的历史痕迹，也借由镜面和大理石独特的放大关系与肌理延伸空间质感。

从销售大厅开始，可以看到足有三层楼高的挑空层，彩色玻璃散发出其传统的独特性。至此，层次体验的精髓就会随着每一小步揭开，展现紧缩与扩展、私密与公共、黑暗与光亮，以及天与地的对比空间顺序。从不同的空间、角度、方向、窗口、门厅、门洞和光影反射之间的探索，快或慢，每个人都会在这个空间里发生着属于他们自己的故事，或许这是他们生活旅程的开始。

吉隆坡ECOWORLD流动美术馆

ECOWORLD Flowing Gallery, KualaLumpur

建筑设计：MOD
室内设计：Art et Domain Pte Ltd.
景观设计：Coen Design International
摄　　影：CI&A Photography
开 发 商：Ecoworld
项目面积：1 250 ㎡

Ecoworld，马来西亚顶级开发商，委托 MOD 在马来西亚槟城设计一座展览及办公建筑，场地位于槟城交通最为繁忙的 2 区。这个区域也是联合国教科文组织划定的遗产区。周边毗邻有浓郁历史气息的麦卡利斯特路，并包含一栋已经有 100 年历史的殖民地别墅，这栋别墅的重复利用也需要被考虑到整体的设计中去。

设计师在考虑这个富有历史和文化意义的场地和建筑时，设想了两种可能的对策。一种是在槟城非常常见的解决方案，比如：使新建的建筑都和文物建筑保持一定的间距，以这种“不可见”的领域感烘

托文物建筑的地位，并以此向文物建筑保持敬意。

然而，尽管这种文物建筑在聚光灯下保持着其应有的地位。但这种无意划定的界限也会使新老建筑难以和谐共存，从而阻碍任何在新旧世界创建联系的尝试。与此同时，源于这种想法的设计还经常会生硬地将夺目却无关联的现代建筑和文化遗产并排放在一起，反而强调了新旧之间的分歧，而且丢掉了用建筑语汇延续槟城历史脉络，将新旧建筑整合起来的机会。

第二种策略的考虑是以谦卑的态度向文化遗产致敬，把自己变成它的“延续”，并同时向现代转变。这种方法旨在创建一个新与旧的联系，并保持一个巧妙的平衡，使二者同时得以展现。MOD 的设计采取了这种思路，新的“延续”源于文物建筑本身特有的形式、状态和脉络。若是没有文物建筑，则新建筑根本不可能以当前的形式存在，也无从

延续，无法沿用遗产建筑的轮廓、比例尺度和形象。

但是，同时我们在新老建筑之间也故意设置了一个清晰的变化界限。新建筑的天窗，沿长边设置的玻璃竖肋，一个无柱的双层通高空间，以及一个透明的玻璃入口立面都展示了这种变化。新大楼的主入口立面设置了斜角以转向文物建筑，这样的姿态表明了新建筑对旧有建筑的重视程度，文物建筑就像它的前辈，它要建立一个清晰的层级关系来向文物建筑致敬。

东营万方园售楼处

Wanfang Garden Sales Center, Dongying

设计公司：上海壹陈建筑装饰设计工程有限公司
设 计 师：刘宏
软 装 师：吕庆楠
摄　　影：三像摄
项目面积：524 ㎡
主要材料：米色墙板、紫罗兰大理石、金蝴蝶大理石、玫瑰金大理石、墙纸、金箔漆

几百年来，文化、艺术之都的法国一直是欧洲乃至全世界的文化中心，他们的文学、电影、绘画、建筑都使人再三回味。

最好的品质是能承载岁月的洗礼，最好的气质是伸展万物的恢弘。

本案定位为别墅洋房居住区，为城市精英人士打造。基于项目特点，设计师采用了法式设计风格，以黑白金为主色调，富丽堂皇的水晶吊灯的大胆使用，使整个奢华的氛围无需烘托，直接呈现。屋顶上多有精致的老虎窗，且或圆或尖，造型各异。圆形或椭圆形的桌子，搭配罗马时期的挂画和雕像，彰显皇室贵族般的气质和品位。

蓝色和咖啡色的引用，各种鲜花装饰也恰到好处形成呼应，将优雅浪漫抒发到极致。

最理想的空间情景是追求建筑的诗意，力求在气质上给人深度的感染。本案设计将法国宫廷的大气恢弘和浪漫优雅的生活情调，以及尖端的现代文化完美地结合在一起。

3-1
卫生间1
卫生间2
工作间
卫生间3
卫生间4
洽谈区
VIP室2
VIP室1
洽谈区
洽谈区
操作后台
销售办公
营销主管
设备储藏室
客服
财务室
沙盘区
影音室
绿化带
2-2
2-1
2-C
2-B
2-A
5100
4400
2200

绿地海珀黄浦售楼处
Greenland Haipo Huangpu Sales Center

设计公司：集艾室内设计（上海）有限公司
设 计 师：黄全
参与设计：赖智、汤胡莎
摄 影 师：张静（三像摄）
项目面积：1 200 ㎡
开 发 商：绿地集团事业二部

“两千年历史看西安，一千年历史看北京，一百年历史看上海。”五四运动之后，新文化运动在全中国兴起，被称为中国的“文艺复兴”。新文化运动在北京和上海均有很大的发展，其早期骨干胡适、鲁迅、钱玄同、刘半农等虽在北大成军，但其文化能量莫不起源于上海。如今设计师黄全将这种骨子里透露出的浓浓人文趣味和自由投射于空间之中，呈现了一派海纳百川的奔放。

海珀黄浦售楼处地处于上海黄浦区南车站路附近，占地面积1 200 平方米，由集艾设计倾力打造。以海派东方为设计思想，营造与城市最为契合的格调，使海珀黄浦不仅仅是一座售楼处，而是试图去建造一间传世的书院，从中能寻找到上海的记忆，传承的不仅仅是建筑，更多的是人文关怀。

“每一本书、每一件艺术品，不仅意味着一次历史和趣味的探索之

旅，也是时代与人文的印记。重要的是，我们回归最本真的生活状态，拥有最开始的那份初心，听雨落，看花开，悟出浅浅的东方雅韵。”黄全说。

红花檀木盆景、高山流水琉璃灯饰、祥云石吧台、通天博古架等众多元素的融合表达了“传世经典，海派东方”的设计理念。除此之外，艺术家汪一舟的画作亦是空间内一大亮点。他作品中呈现出的简洁、质朴、诗性、沉厚的语言特征，以柔软的宣纸作为媒介，使静与动、轻与重、疏与密、简与繁尽显于水与山形，并融入空间的神游之境，与设计师要表达的海派东方的意境十分契合。

记忆里的黄浦，印象里的上海，有一种气质，它自由、开放，处处显露着海纳百川的胸怀;有一种空间，它低调、奢华，骨子里透露出浓浓的文人趣味。

上海万科 · 云间传奇售楼处
Vanke the Legend of Cloud Sales Center, Shanghai

设计公司：上海牧笛室内设计有限公司
设 计 师：毛明镜
项目地点：上海
项目面积：350 m²

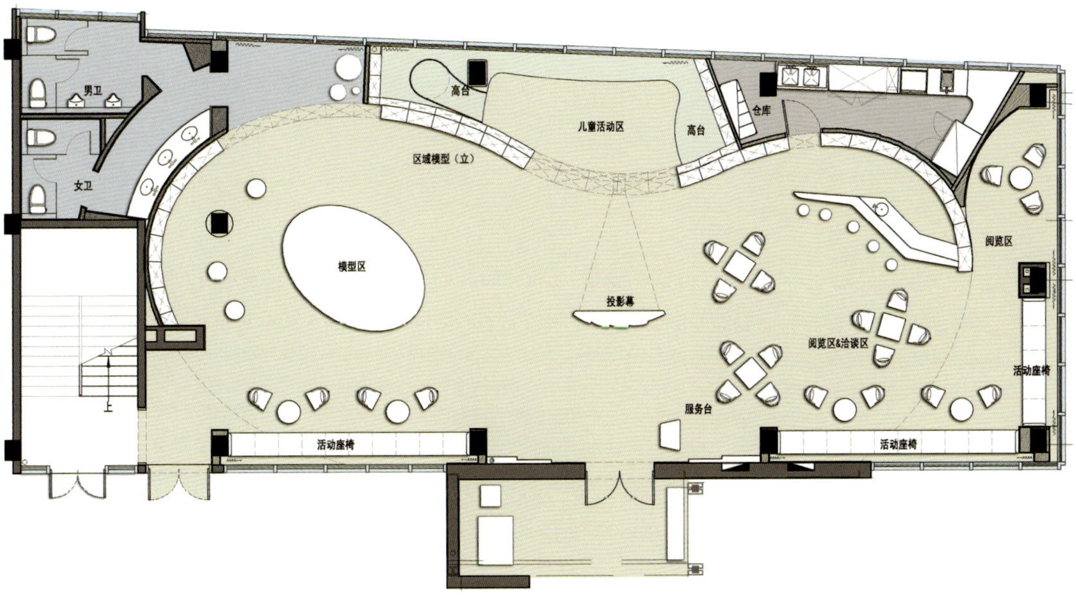

云间传奇傲居松江新城西区，静享低密醇熟板块，畅享 3.4 公里黄金生活圈，让每一位业主在近享人文、商娱、生态、健康、创新等全维度城市资源的同时，亦能享受到环境清幽的舒适生活。

万科作为中国地产界的标杆，在 30 多年的成长发展历程中，从中国到新加坡，再到纽约、旧金山，版图扩张布局全球，一直以最具前瞻性的战略视野，充分汲取国际最先进行业经验和建筑风潮。

今天，万科以现代简约、意境深邃的新亚洲风格，融入 2015 年度作品——云间传奇的建筑肌理之中，为松江上层人居领域开启全新的置业选择。

为什么社会在不断进步，而人的负荷却更重，精神越发空虚，思想异常烦躁。然而文明社会的一个缺点就是造成人与自然的日益分离，人类以牺牲自然为代价，其结果便是陷于世俗的泥潭而无法自拔，追逐于外在的礼法与物欲而不知什么是真正的美。此时让我想起《幽窗小记》中有这么一副对联："宠辱不惊，看庭前花开花落；去留无意，望天空云卷云舒。"

本案在设计之初，本着人与自然的密切联系为这个作品的导线。在立面上运用了大面积的天然木饰面，且在造型上更加的流畅自然，以突出项目"行如流水，云卷云舒"的主题。中央沙盘上的云彩，更是点睛之笔，让这个空间形如梦幻。

THIS HOME
RUNS ON
LOVE,
LAUGHTER,
AND LOTS OF
STRONG COFFEE.
Coffee MENU
KNOW YOUR COFFEE
松江大学城

松江大学城
松江新城
商业圈
松江老城商业圈

THIS hOme RUNS ON Love, Laughter, AND LOTS OF STRONG coffee.
Coffee MENU

THIS home RUNS ON Love Laughter, AND LOTS OF STRONG coffee
Coffee MENU

常州新城公馆售楼处
New City Mansion Sales Offices, Changzhou

设计公司：上海牧笛室内设计有限公司
设 计 师：毛明镜

新城公馆汲取西班牙纯粹生活精髓，注重细节以及人文内涵，创造极致精细的生活品质。打造常州名流的私人官邸。新城公馆是一个标准低密度、高绿化率住宅小区，100% 纯粹西班牙建筑风格。入口广场面积达 1.5 万平方米，全西班牙风情会所总建筑面积约 5 000 平方米，沿湖岸弧形设置，湖岸线长达 1 000 米，生态湖泊湖面面积更达到 1 0000 平方米。

新城地产是一家专注于长三角地区优质住宅开发的地产企业，自 20 世纪 90 年代创立至今，经过 20 多年的努力经营，已发展成为中国地产 20 强企业和长三角区域领先的住宅地产开发商。

牧笛在该空间的设计当中，以打造精致沙龙的意念营造空间。开放式的大厅中，叶型吊灯精致华美，将人引导到沙盘区。壁炉后方的餐厅成为一个温暖舒适的洽谈区，还有开放式的书房，都让人倍感轻松愉悦。随处安放的 Art-Deco 风格的摆件、宽大柔软的沙发、宜人的光影氛围，来这里仿佛是赴一场朋友之约，随时准备参加一场主题派对，让来宾在轻快的感觉中对项目产生更多好感。

图书在版编目（CIP）数据

万有引力 售楼部设计 Ⅻ / 黄滢，马勇 主编．- 武汉：华中科技大学出版社，2016.10

ISBN 978-7-5680-2178-4

Ⅰ．①万… Ⅱ．①黄… ②马… Ⅲ．①商业建筑－建筑设计－作品集－世界 Ⅳ．① TU247

中国版本图书馆 CIP 数据核字（2016）第 202941 号

万有引力 售楼部设计Ⅻ
Wanyouyinli Shouloubu Sheji Ⅻ

黄滢 马勇 主编

出版发行：华中科技大学出版社（中国・武汉）
地　　址：武汉市武昌珞喻路 1037 号（邮编：430074）
出 版 人：阮海洪

责任编辑：熊纯　　责任监印：张贵君
责任校对：赵营涛　　装帧设计：筑美文化

印　　刷：雅昌文化（集团）有限公司
开　　本：965 mm x 1270 mm　1/16
印　　张：20
字　　数：160 千字
版　　次：2016 年 10 月第 1 版 第 1 次印刷
定　　价：298.00 元（USD 59.99）

華中出版

投稿热线：13710226636　　duanyy@hustp.com
本书若有印装质量问题，请向出版社营销中心调换
全国免费服务热线：400-6679-118 竭诚为您服务

欧朋文化 分享设计 传播观念 只出精品

欧朋文化，怀着对中国传统文化的深切热爱，专注于对当代空间设计领域的深耕广拓，致力于推动现代中式设计的传播与发展，倡导当代设计三化建设——古典智慧现代化、西方设计中国化、中西合并国际化。

《万有引力 售楼部设计》（系列 I – XII）

售楼部是一个大舞台，它集楼盘定位、形象展示、销售活动、销售服务等功能于一体，是开发商与购房者博弈、争论、对话、沟通的互动空间。精彩的售楼部设计具有超强的诱惑力和感染力，一亮相就能吸引八方目光。对于这种倾倒众生的魅力，我们统称之为“万有引力”。《万有引力 售楼部设计》自首次推出，每一期精彩不断，被誉为“史上最红的售楼部设计图书”。

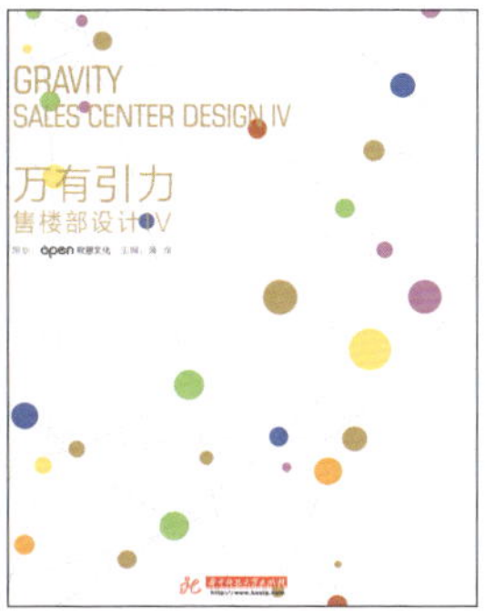

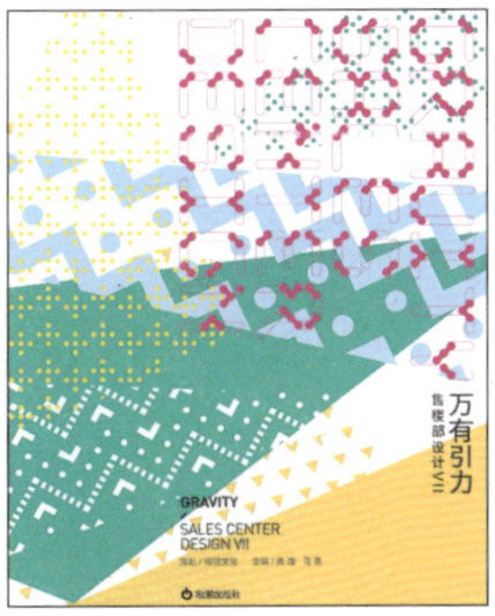

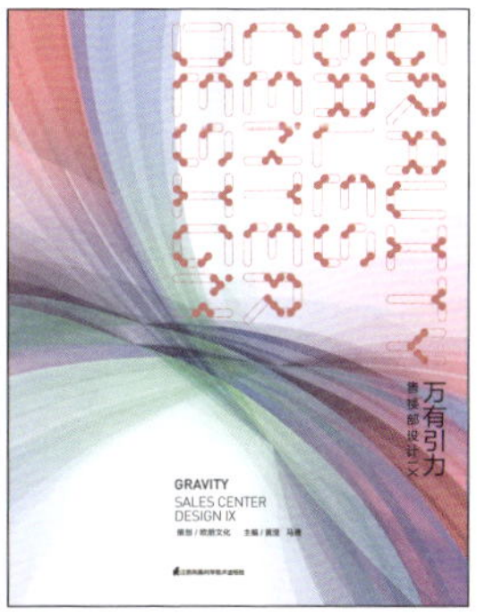
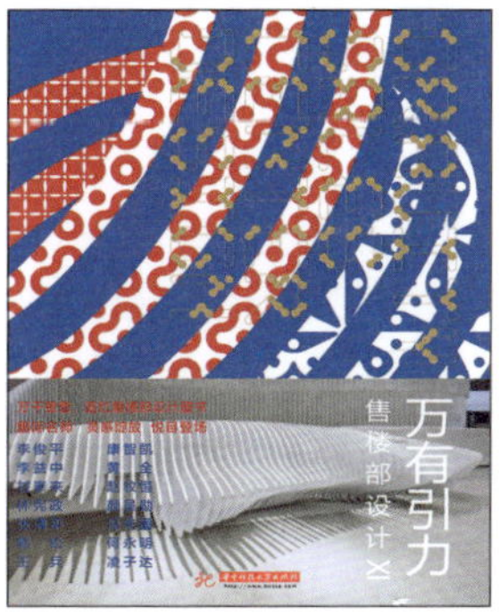

《中国最美的深宅大院》（系列 I – V）

推开大宅门，探究中国古代顶尖阶层居住形态、建筑园林、家族秩序、文化审美之秘。看得到的豪宅，看不到的巨贾名流。那些顶尖阶层的荣光已然消散，辉煌已成过往，而今只留下一座座深宅大院供我们遥望。本书着重对深宅大院的历史文化、规划优势、园林景点、特色建筑、精美装饰、艺术审美、民俗风情、维修保护、经营管理等方面进行展示和报导。

《中国最美的古城》《中国最美的古镇》《中国最美的古村》《中国最美的老街》已经陆续推出

高楼大厦越密集，现代城市相似度越高，古城、古镇、古村、老街的存在就越显得弥足珍贵，它们传统文化的基石，华夏文明的结晶，是一个区域与众不同的气质密码，随着时间的积累而散发出更为醇美迷人的韵味。我们纪录、整理、传播这些不可再生的宝贵资源。